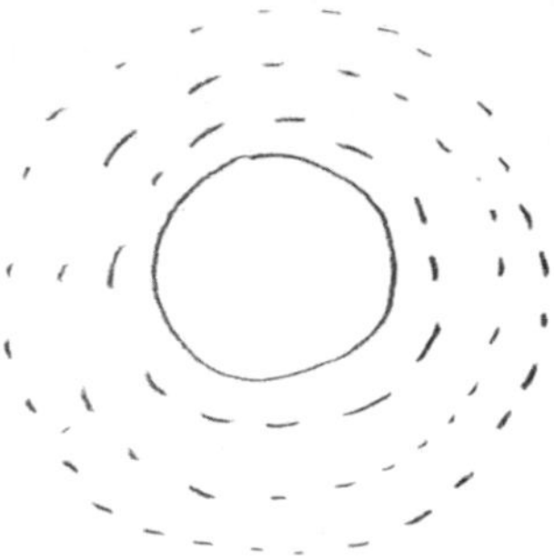

與地共生
給雞唱歌

目錄

079 Chapter 2 給雞情詩

161 Chapter 3 河邊菜園

推薦文

在農村靜靜地革自己的命

田文社社長．over

好一陣子前，就從盈瑩的好友H那裡聽到，盈瑩在寫一本關於雞的書。然後我就等著，想要看這本書。

因為我著實好奇，盈瑩在那間小小的白色平房裡，到底安安靜靜地在做著什麼？

她跟TN住的房子，跟我住的地方靠很近，我們長條形的紅磚房，前面是稻埕，稻程的右邊就是他們家，我們兩間房子就這樣像直角尺的兩端放著。

雖然住得近，但是不知為何不太常遇到。

只有幾次，像是七月底暑熱正當頭的時候，我們在稻埕晒穀，中午熱到快往生，盈瑩從他們家後陽台遞出來一袋冰冰的，切好的鳳梨。

另一次，是我們養的白色小公雞叛逃，我到處找雞，卻找到她也是自行出走的雞，在後陽台放風。

我們的雞都常常落跑，偶爾經過他們家門口，會遇到雞在路上晧晃，我就會把雞抱起來，拋回盈瑩的雞舍，有點像在打憤怒鳥（笑）。

雖然不常遇到，但我都偷偷觀察盈瑩門口的小菜園，總是打理得細緻可愛，該給細竹枝爬藤的，就好好的每株安上一支。而那個神奇的、在房舍之間的畸零地架起的雞舍，也總是乾乾淨淨，水盆食物端正放著，粗糠平坦地鋪地。

看完書稿之後，我感到盈瑩的確在那間小房子裡革自己的命。

把生活現場，從都市搬來農村，並不代表就理所當然地會過起自給自足的生活，享受田園樂趣。

這樣子的生活，要逐步捨棄許多東西。而有時候要丟東西，比要拿東西費勁得多。慢慢脫離對金錢的依賴，方便快速生活的習慣，每日工作就會有收入的安全感。這些東西都是一整套的，搞清楚哪些自己要，哪些不要，再找到自己能夠合意又能實際執行的生活方式，是一個緩慢而激烈的過程。

盈瑩正在做這些事，而且不疾不徐，我感到佩服而且欣賞。

而且在這過程中，她蹲得夠低，所以她得以看見菜園草叢間，與土壤相接的那一方，構築出來的微型森林。看得見腳邊的蟲、頭上的蝙蝠，土壤裡的微生物。

農村的景物四季流動，日日都有不同的變化，但那些變化無聲，不像街上招牌或是電視新聞，發着光嚷嚷著「你看！你看！」總是要想看的人才能瞧得見。

也看得夠沉，所以她看得見物質的流轉，廚餘正在化成土，看得見空氣、水、雨跟陽光的變化，看得見植物的心思。

盈瑩也很敢看，所以選擇直視肉食是什麼。

我們直接在超市貨架上買到，或是在肉攤取得，不會去碰觸的部分。她自己養雞，親自拜託人把雞殺掉，然後把心愛的雞變成的肉吃進身體裡。這中間把自己的心思跟掙扎攤開來檢視，一一的理好、想好，感覺到她不想含含糊糊地對待吃掉另一個生命這件事情。

在村子裡生活，身旁不缺講話打招呼的人。但許多工作，要能夠好好的跟自己獨處，不然做不下去。花時間蹲在一個地方除草、給菜疏苗，老半天都是自己給自己講話。

看著這些一小篇一小篇的文字，覺得她跟自己聊天聊得很好。在餵雞、掃雞舍、折蕃茄側芽、作醃漬洛神間，自自然然的心頭冒出幾段想法，給自己講話，給雞唱歌，拾綴成這本在農村生活的段落篇章。

看完這樣的文字，感到心滿意足。作為感謝，也許我的茄子收成後，我也來在他們家機車手把掛個幾條，讓他們在茄子產季的茫茫大海中載浮載沉更久。

推薦文

農村讓你重新檢視自己需要什麼

小間書菜店主．彭顯惠

與李盈瑩小姐未曾謀面，但她的《花東小旅行》曾是小間書架上的熱賣書，這次受邀推薦她的新書，才知道是同一作者，原來她也來宜蘭生活了啊，果然宜蘭的土地是會吸人的。

《與地共生、給雞唱歌》講了盈瑩移居到農村後的極簡生活，看著看著忍不住有會心一笑的感覺，不禁想到當初我們一家來到宜蘭耕種的生活過程，盈瑩看來也是同路人。在都會跟農村轉換中沒有所謂磨合銜接的那段痛苦過程，彷彿這片土地等這個人就已經等了很久似的。

對很多居住都會區的人來說，農村的生活簡直不可思議，甚至有朋友告訴我，她沒辦法忍受住在週遭沒有24小時便利商店的地方。而我們一家生活的深溝村，距離最近的便利商店騎車也要10～15分鐘左右，所以宜蘭常被形容成「好山好水好無聊」。

然而我每天都好忙，忙的事項跟盈瑩大同小異，實在不知道無聊是無聊在哪，我們每天看到村子裡的人也都很忙，但那種忙是徐緩的、篤定的、沉穩而踏實的，那個忙是跟著節氣在走的。雞幾點要餵、菜園何時要去、播種育苗該是什麼時候、準備飯菜的時刻、透早忙到中午合該睡個午覺，下午還有下午的事頭要做呢，如果遇上初一十五還要忙鬼神的事，忙各種手作供奉的食品。然後文青如我們，還要忙著看山看水看日起日落看宜蘭的流水淙淙，而日子就如此歲月靜好的忙過去。

這樣的生活最常被問到活得下去嗎？有沒有發現一件事？乞丐總是出現在大都會區，在農村只要你願意勞動願意做，也許無法置產、無法逛街購物買上大量非消耗品，但都餓不死人，只是看你對活下去的定義是什麼而已。

在農村的生活，如果有種植有飼養，貨幣的確用處不是那麼大，甚至孩子們都有鄰居、農友們提供的舊衣可穿，不用像在都市，每到換季就得跑上平價服飾店大肆採購。我發現在都會區很多人不喜歡給自己小孩穿舊衣，現在也強調了所謂的兒童時尚，但在我們家，兩個孩子都喜歡穿舊衣，舊衣柔軟沒有新衣硬挺，而且不浪費物質的持續承接，這對孩子們從小的物慾教育來說是非常好的。其實我還曾很阿Q的問學校，孩子的學費可不可以用米來抵？當然不可以啦，但只要你知道自己的生活所需界線在哪，在農村不但可以活，還可以活得非常踏實與不浪費。

我們在宜蘭生活後，慢慢已經不大能接受外食，除非必要或是我跟外子太累了，不然除了早餐都自理或是跟著農友們共食。對應到盈瑩提到的遠離物質核心，反而更清楚自己於自然關係中的本質這點，非常有體會與認同。我相信這並不是讓人回到茹毛飲血的原始生活，而是在一種非常自然的情況下，農村生活可抑制人們過多的慾望，讓你重新審視自己真正的需求到底是什麼。

盈瑩很精透的描寫了宜蘭鄉居生活對她的意義，尤其今年我也開始自己操作菜園的耕作，特別對她文字裡的種種皆有同感，從作物的種植到鄉間可以看到的昆蟲、乃至於種種的動物，都有了充滿興味的描述，也開啟很多人對於這種生活更深一層的認識而非虛無的想像。崩壞即是新生的開始，這絕對是一本有著連結平台實質意義的書。

作者序

唯一能讓你安靜下來的事情

或許人並不是厭倦或者想逃離什麼，才從都市來到鄉村的，而是人們本來就歸屬自然，才會在每回接觸花草泥土的時候，心思漸趨沉靜；也才會在與動物相處的一時半刻，因牠們存在本身即具有的完美而著迷。

每日清晨，我聽見那些毛茸茸的小傢伙或抓或爬的聲響，以及牠們啾啾或咕咕的鳴叫，於此展開新的一天。牠們是與我同棲生活的幾隻家禽，鎮日在後院扒土找蟲、下蛋、理毛、洗沙浴，我們分享食物的不同部位，相互照看、餵養彼此，我常因牠們古怪滑稽的行為而發噱，或被動物如神聖光照的野性充滿，感到不可思議。簡單清理雞舍後，我會散步去菜園，照料如迷你森林般的園子，裡頭有各式蔬菜、辛香料、瓜果與根莖作物，以及聞起來微香微甜的野草。在那裡我彷彿以巨人之眼穿透孔隙悄然微觀，探看作物細緻的生長、叢間的野蟲漫爬，以自身僅有的知識經驗，試圖理解土地自然逕自流動的神秘幽微。

我難以言喻每回播下種子、滿心期待雨水滋潤，然後它們就真的奮力冒出新芽的那份感動；也難以形容從小雞剛出生的第一天起，每日每日看著牠們從原本比手掌還小的溫熱身體，逐漸長成橫衝直撞的野蠻小獸，並親眼目睹母雞如人類臨盆般用盡全身力氣產蛋的動人過程。

與土地及動物緊密結合的時光，即使生活總是圍繞著相同的事情——把雞餵飽、照料菜園、料理採收後的食物，卻因為這樣充滿朝氣與簡樸氣息的日子，我甘願駐足平凡。

我想在眾聲喧譁的時代，如果有一件事能讓你的心迅速安靜下來，那麼只需擁有這一件事就已足夠了。對我而言，這件事就是耕作，日日在泥土芬芳、季節流轉之間，見證作物使以靜默的心機，用最具象的方式在你眼前展演生命力，是我人生中最幸運的事情之一。

有點歪的田園小品

跳脫概括下的鄉村美好生活，以及那些大而籠統的感受，我期許自己用細微事物的切面，來吐露生活現場的細節與真實、美麗與艱難。於是這本書也談及人類對於動物的隱晦情欲、吃食所愛的甜蜜感傷、給雞吃雞的道德矛盾；抑或在看似恬靜的農村，除了瞥見野地動物的生猛童趣、村人之間的鮮活互動，也同時揉雜了些許鄉野奇幻與恐怖元素，以小品的輕快，想望如詩歌一樣鏗鏘節奏，如電影或繪本那般染有畫面張力。

在小村鄉野與土地自然的豐饒元素之外，書的最後回歸到現實社會與生存的本質，以「人與人之間」、「人與物質之間」、「人與工作之間」作為收束，描述了農村與都市截然不同的人際模式，以及透過採集山土、鋸竹、拾木等過程，逐漸減低了擁有物質的企求欲望，進而連動身體與知識上的解放。並在這樣以耕作、飼養、採集為基底的生活，挪出了餘裕去思索工作之於人生的意義。

這一連串關於人生諸多面向的思考與嘗試、懷疑與叩問，種種亟欲探詢的背後，或許正來自內心強烈的渴望，始終渴望尋得一種更熱切、更清醒的生活樣態。

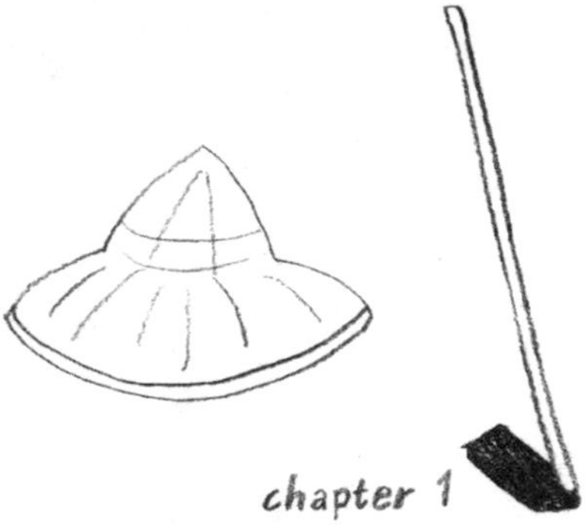

chapter 1

小小平房

楔子

都市的公寓大廈像紙箱，隔著一層層其他箱子，聽說底下有泥土。穿透紙箱孔洞，外頭有少許藍天。可是公寓好舒適，有冷氣、電視機、自來水，而且公寓不會有路過的鄰人往裡頭探看，也不會疑神疑鬼覺得隱翅蟲好像在脖子上爬搔。

我與TN在春天搬到了鄉野，一座白色的小平房，白牆旁有株芭蕉樹，鄰近也有幾戶人家，但大多是綿延的稻田。向外望去，遠處稜線一方是太平山，一方是雪山，我們是蘭陽溪沖積平原上的一粒沙。

平房的窗位沒有對開，春夏承接泥土濕氣，書櫃層板、擀麵木棍、小牛皮包，萬物一概入霉。同時平房既是一樓也是頂樓，承接了日頭炎炎，屋子裡濕氣與熱氣相互蒸騰，每當此時想開窗透氣，總有些往來菜園的老人行經，無所事事往裡頭看一眼。因此，「要涼快還是要隱密」成了單選題，想想還真是侷促，內外交迫著。

回想搬遷平房之前，我們在台北近郊的一座電梯大廈，裡頭冷氣、第四台、漫畫、電影、書籍一應俱全，假日的時候我們玩桌遊、看影碟，到地下室的住戶遊憩間打桌球，所有現代化的娛樂需求在那裡被滿足，因為隱蔽且舒適，那時的同棲生活彷如荒島上的夢，飄然失真。

平房的生活與都市大異其趣，有時睡夢中就能被一旁種菜的阿嬤嗓音劃破清晨，有時鄰人推了紗門就要進來。每日醒來便出門餵雞、巡菜園，夜晚則是外頭急躁的蟲子總想衝進屋裡。於是關於平房，線內線外的結界模糊了，裡面不是裡面，外面不是外面，隱私感少了幾分，世界大了一些，那扇好像不存在的紗門鐵門，讓客廳延展至雞舍、菜園，以及菜園旁的潺潺小河與大山底下的一格格方田。

〈農村日記〉

小小的房子一天天塞滿更多更雜的東西，從最基本的日常物件一路到帳篷、單車、農具……零碎滿布，像是農村的一整天，時常就在零碎之中忙碌過完。

生活的繁雜細瑣佔據了大部分心思，門前種的九層塔、紫蘇、刺蔥、左手香；菜園的小黃瓜、絲瓜、茄子、秋葵，以及這幾天剛接手管理的稻田需要鋤草補秧、最近飼養的褐樹蛙等著餵食活體食物。

誰扦插了要先放背陰處；誰喜歡半日照誰喜歡全日照；有人愛喝水有人只喝一點就夠了；有人長高了該搭設竹棚了；有人不施肥就是不長葉，有人施了肥反而引來一堆蟲；有人吃蟲，最近還活吞一整隻蜘蛛，蜘蛛腳銜掛在嘴邊好一陣子，用力緊縮背部，費了一番力氣才一口吞入腹底。

餵飽了他們，我們也要吃飯，一日還有三餐。每日在餵養底下集團之餘，還有買菜洗衣、採購下田鞋與鋤頭、育苗照養、裝山泉水、中華電信來裝網路、房東差人來架陽台等雞毛瑣事。

除此之外還有突如其來的人際網絡，A拿了父親寄來的山藥與香蕉，社大課後在門口熄下引擎，進來聊天到夜半；B帶了小兒來訪撲空，隔日再造；C騎車送來昨天訂購的手工豆腐，順便帶來我寄養的蘆筍三株活兩株的消息；D把他顧不來的半分稻田託付給我們，說田裡的粉綠狐尾藻與福壽螺都交給你們作主吧；午後去市區跟E開會，路過F家買蒜頭與紅蔥頭各一斤，再送兩根紅蘿蔔，回程跟G要了秧苗補秧用；H託口信說今晚去看螢火蟲。

熱鬧且瑣碎，瑣碎且忙碌，即構成了農村，這裡整齊不了、待辦事項也永遠完結不了，於是日日耕種日日吃飯，菜葉長大了，樹蛙變胖了，我也褪去一層皮。

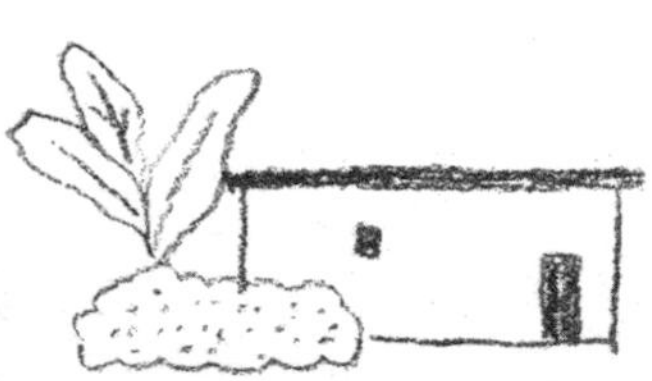

〈褐樹蛙〉

在菜園遇到拇指大的褐樹蛙，用透明塑膠盒裝起來，帶回家裡。牠張嘴吃了一口小瓢蟲，黑色圓點座落在腹部左側，然而瓢蟲對牠而言太大了，於是在盒裡放了一片鳳梨，期待明日長成果蠅。生平頭一次歡迎果蠅、熱烈鼓掌歡迎果蠅來我家，但在果蠅造訪前我已等不及，便提前學會活抓小飛蟲，才知曉體型越小的蟲要活抓就越不容易，一不小心就會捏死，偏偏蛙類挑嘴，屍體不吃、素食不吃，只要熱切鮮活的生命，於是我與牠建立起一套模式，我將竹籤前端沾水，藉以黏住聚在日光燈管下桌面上的小飛蟲，端送到牠的面前，頭一回牠愣了很久才懂得吃，接著就毫不猶豫秒吞那些蟲子。

今晚餵了八隻小蟲，我與褐樹蛙賓主盡歡，每回牠張口生吞的一剎那，我都能感覺牠的吻部輕碰竹籤頂端的細微撞擊，牠總是在吞入後隨即眨了左眼一下，彷彿在訴說滿足。

〈鍋爐爺爺〉

為了防止上游的福壽螺隨著灌溉渠道進入稻田裡產卵，農友在溝裡設了張鐵網。只是，福壽螺沒抓到幾隻，魚蝦泥鰍倒不少，本著好奇心，我把牠們統統帶回家裡飼養。

待產的黑殼蝦踢著牠的卵，獨自一缸；泥鰍與其他小蝦一缸；美國螯蝦會吃掉別的蝦子，也只能住個人套房。換水時留點舊水再摻新水，三缸連續換像首流暢的詩。

紅色飼料從水面灑落，緩緩沉降至水底，十足目的螯蝦用牠的鉗子在缸底摸索，同時間二兩隻鉗手夾住飼料往嘴裡放，好像《神隱少女》映畫裡熬煮藥材的鍋爐爺爺，一隻隻俐落的長手彷彿有探測器，自行感應與行動。螯蝦跟鍋爐爺爺，生物界裡多工行進的完滿典範。

〈白腹秧雞〉

在平房與稻田間騎車往來，偶有白腹秧雞過馬路，從車上匆匆一瞥，總覺得牠像戴著白色面具的弄臣、小丑，是我最喜歡的傀儡樣貌，躡手躡腳幾分鬼祟，面具底下奸詐又神祕。

牠不像白鷺鷥或夜鷺那般常見，每次偶遇也只是幾秒之內瞬忽快閃，就急忙踩著牠纖細的小腳羞羞怯怯地遁入林間，徒留我一人在路上，愣著上揚的嘴角，滿心覺得牠滑稽。

白腹秧雞的模樣雖可愛，叫聲卻有些惱人，春夏時節，從黃昏時刻起始，直至晚餐飯後，竹林間會響起一陣詭譎穿腦的「苦呀苦呀苦呀～」，像是永不止息的循環鳴叫，與蚊蚋開始囂行之際同步趨長，常讓我在傍晚餵雞的時刻感覺心煩意亂，很長一段時間一直以為是蛙鳴，後來才知曉原來是弄臣白腹在作祟。

〈烏鶖〉

五月的午後天氣微涼，騎單車去菜園的路上，忽然一串三個音節的奇怪聲調從後腦勺竄過來，回頭一看，是隻全身黑漆漆的烏鶖，驚慌之餘，回過神來只得拚命踩踏板，在兩旁都是稻田的馬路上直線狂飆，而牠也一路鎖定我又俯衝了三、四次，每一次都伴隨那可怕刺耳的怪音怪調，追了數十公尺才肯罷休。我忽然想起了那齣曾在宜蘭雙連埤取景的老電影《稻草人》，影片一開始卓勝利在稻田間被美軍空襲的畫面，此時此刻感同身受。

一日到菜園耕作突然遇上滂沱大雨，趕緊溜進一旁工寮躲雨，獨自佇立在工寮的遮棚底下等待雨事稍歇，卻看見一隻小花狗神色慌張地沿著小路跑來，後頭兩隻烏鶖輪番低飛、叫囂緊追，狗兒濕答答又咚咚咚地跑進工寮避難。

一位學農認識、從小在宜蘭長大的阿姨，就曾被烏鶖追得心慌，一時緊張撞進路邊溝渠而住院。我想，沒什麼比從後照鏡看見雙翼展翅的黑色大鳥緊追在後還要更希區考克的事了。

在鄉下討生活，無論對人或對狗而言，烏鶖大概就一直是農村裡的甲級流氓吧。

〈貓道〉

小貓經過紗門前常轉頭望進客廳，看了一眼又緩緩走向前去，像無聊老人無所事事，探査鄰里。有時夜晚屋內累積了西曬後的悶熱之氣，推開紗門在屋前透透氣，小貓總會蹲踞在三合院的瓦片屋頂冷冷看你一眼，牠後方高大的竹林在夜色籠罩下左右搖曳，屋頂上還有厚厚的青苔滿布，而那片屋頂春天時長了幾株龍葵小苗，由於土層不夠，初夏便一一枯萎了。

小貓還不愛走正路，撒了粗糠覆蓋的長槽盆常有牠的腳印，路這麼大就偏偏往我的盆栽裡踏，三公斤的溫體下陷，數週前播撒的百里香於是全沒發芽，只好怪罪於牠。

鄉野的紗門前有蟲、有貓，有狗來園圃吃廚餘，還有蟾蜍與迷路的鱉。夏夜的晚風微涼，門前的蟾蜍跳著跳著被蟲網套住，隨即在夜裡暈著街燈黃光的柏油路上尿了出來。

〈半夜找鱉〉

耕作回來，見到家門前有一灰色物體在路旁緩緩移動，近看原來是隻幼年的鱉，朝天鼻加上有點歪斜的兩眼，陌生且怪異，見我屈身靠近就趕緊爬進牆腳稀稀落落的雜草間尋求庇護。想是七月收割，大型的收割機下到田裡，牠才從棲地竄逃出來的吧！印象中鱉多半生活在水田與渠間，我於是把落難於陸地上的鱉拎回家，暫時放入水桶，計畫隔日清晨將牠送到清澈的水渠。

只是我低估了鱉的爬行能力。凌晨兩點熟睡之際，意識朦朧間耳裡傳入尖爪在扒刮物體的聲音，我突然驚醒，並立刻與剛養兩天的小雞做了血淋淋的聯想，便慌張從床上跳起來，衝到客廳確認紙箱裡的小雞安然無恙。自從養雞以後，無論那些有爪的、長著嚙齒的、有尖牙的，都是潛意識裡被無限放大足以傷害小雞的噩夢來源。確認小雞平安後，看見空蕩的紅色水桶徒留幾道泥痕，鱉竟用牠驚人的攀爬能力越獄了！尋著地板上的泥漿，一路拖拉到書櫃腳邊，再轉向到牆角的紙箱縫隙，那隻鱉正用牠的爪扒刮紙箱，我趕緊把鱉放回水桶。夜裡盯著牠觀察了一會，發現鱉是用伸了很長的脖子使勁攀附桶緣才順利越獄的，脖子彷彿是鱉靈活自如的第五隻腳，同時也發現在陸地上行走的鱉，爬行能力比烏龜快了很多。

隔日清晨想到我怎麼會夜深人靜時在客廳找鱉，無論如何都是太不尋常的夜間活動。

〈稻禾間〉

隨著氣溫升高，秧苗日漸繁茂，騎車經過放乾田水準備含苞弄花的稻田，見到貓咪穿梭，牠回頭望向我，隨即又匆匆鑽進稻禾密布的龍貓隧道。

又一會經過了仍覆蓋田水的稻田，兩隻野鴨在水道上滑游，見人停在馬路上，就慌張游走，在彷若棋盤座落的稻禾間九十度轉彎。

〈蚊蚋星球〉

在菜園常是一翻耕一鋤草就停歇不下來，往往做到天色朦朧才甘願收拾好鋤頭，跨上機車穿越兩旁都是稻田遍布的小路回家。這時候奔馳的柏油路上總有零零落落的微弱聲響打在安全帽遮罩上，起初我以為是細雨，後來才發現那些滴滴答答聲竟是數以萬計的蚊蚋一頭撞進遮罩的聲音，牠們撞進了我快速移動中的透明星球表面，於其上哀鴻遍野，「啪」一聲結束了短暫的蜉蝣人生。

〈蟑螂做愛〉

連續兩天夜裡有奇怪的雲，乾雷瞬忽一閃給了大地幾秒白晝，像有又沒有。「唔，剛剛有打雷嗎？」可拚命打雷，雨卻下不來，氣溫蓄積著悶濕，晚上蟑螂就一直跑進屋裡，蟲的愛慾交織，連蟑螂都尾部相連做愛起來，對著蟑螂罵X你娘，二話不說把臥房門縫用襪子堵住。門外有怪物。

〈玉米森林〉

午後一陣艷陽一陣暴雨，雷聲隆隆，萬物都甦醒了，趕緊把晾在路旁的衣架搬進房子裡。K捎來口信，說村裡有人的玉米筍收穫至尾聲，明天將要剷平，喚大夥自由採收，於是我們戴起帽子、換上袖套、穿上雨鞋，抵達那片時常經過卻不曾發現的玉米田。玉米植株高聳挺拔，一行行密植成林，每個人選定一行，隱形的鳴聲一響，起跑一樣彎腰鑽入林間，展開尋找玉米筍的大業。春夏的空氣濡濕，身體的汗水蒸騰，與玉米植株上的水氣，以及其上各色的蠕動昆蟲，交融成一片五味雜陳的濕樂園。

玉米高大的植株讓雨後清澈的天空變得狹長隱晦，數個鐘頭前我因為眼鏡突然從中斷裂成兩半，當時竟以半盲的姿態在玉米田裡穿梭，因為過於習慣有眼鏡護目，好幾回都不小心讓玉米葉刺進我的眼裡，禾本科的葉子大概都如同芒草一樣，吸取了土壤中的矽，那個構成玻璃的元素，讓它們變得硬挺且尖銳。眼睛刺痛流了些淚，想起那位年輕的導演札維耶多藍（Xavier Dolan）曾有部《湯姆在農莊》，裡頭主角被那位加害又加愛於他的男子在典型美國式的玉米田裡追殺時，旁白飄出一行映照主角內心的句子：「十月的玉米田，如刀鋒一樣銳利。」當下也對應照著自己的處境。

上頭有紅色鬍鬚的玉米筍，像極了搖滾樂手狂野蓬鬆的紅髮，它們包藏在葉片之間，許多玉米筍因為來不及採收，長成了巨嬰。朋友穿過層層玉米林，彼此對話，誰發現了隱翅蟲要大家小心、有人被蚊子叮得想放棄了，所有都只得其聲不見其人。獨自在玉米林底下，一路越採越有心得，就在幾乎覺得要抵達跑道終點時，被喚了回去。此時有如被中斷的夢境，停下腳步抬頭仰望這片玉米森林，突然覺得森林好大，帶有幾分迷幻，我原先的想像力僅侷限在蔬菜茄子建構而成的菜畦景觀，頂多搭了絲瓜竹棚，便認為自己已創造如建築般的量體了。但玉米，一粒玉米就可以長成巨人，然後密植的巨人站立成林，這麼高大到把我淹沒其中，穿梭不見他人，是農夫短時間內就能創造的一座純林。

玉米巨人輕輕一踩就倒地，明日它們會全部躺下，天空又會全部被看見，是玉米作的一場初夏的夢。

〈紗門〉

平房的前面是野地，野地的前方是稻田，稻田更遠處是山巒，鄰側雖有幾戶人家，但鄰人過九點就清一色全熄燈了。於是依循著趨光本能，晚上常有螳螂先生、獨角仙小姐、金龜子小弟趴在紗門深情望向屋內，渴慕著牠們的光，只要我輕推紗門，就迫不及待進到屋內。

螳螂先生的肩膀左右搖擺，最愛沿天花板散步；獨角仙小姐如直升機陡上升天，最是嚇人；金龜子小弟動作慢半拍，常常還沒進到屋內就卡在門縫進退維谷，尷尬第一名。

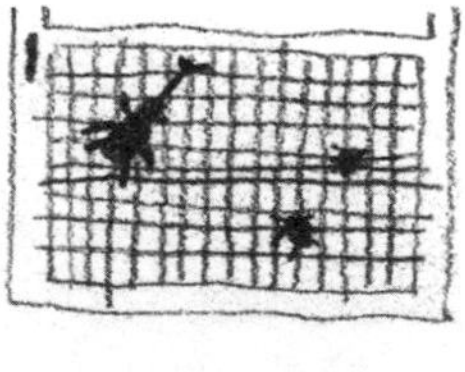

〈樹屋〉

樹屋在身處的當下並不覺得有異，只有在睡了一覺醒來的隔日清晨，突然想起昨日那座難以描繪的超現實場景。

怎麼可能有座自平坦泥地向上拔起的大樹，讓人平行於山的高度、樹冠的高度，在更空曠的天空裡相聚；怎麼可能騰空的腳底下有田，田裡行間有貓；腳底下有路，路上有人；腳底下還有房子，有蛙鳴，有生我養我的大地母親。

怎麼可能。

〈螢火蟲〉

九月十八，已經熄燈的臥房飛來螢火蟲，
在床邊、在枕邊，在風吹動的窗簾前閃爍綠色光點。
目不轉睛側轉九十度，躺在你的肚皮上賞螢。

〈夜婆〉

是在很久以後才知道，過往以為的鳥或許都摻雜了蝙蝠。

鄉野在進入夜色之際，那盤旋在稻田、電線桿與民宅之間凌空群飛的黑漆動物，不全然是那些正要歸巢的倦鳥，有些是黑夜降臨以後，傾巢而出準備大肆覓食的蝠群。只是住鄉下的人不用蝙蝠稱呼，他們用閩南語稱「夜婆」（ㄧㄚˇ ㄅㄜˊ），也有人稱「密婆」或「日婆」。

夜婆，夜裡才會出沒的老婆婆。初次聽到這個稱呼的時候腦海出現了瘋癲女人頭髮狂亂的意象，滿布鄉野神秘。搬來宜蘭後，我常在菜園耕作至天色昏暗，步行回平房之際，能在剛亮起的路燈下看見幾隻追逐趨光飛蟲的蝙蝠。

我想起從前在山上工作，夏季會在柏油路上撿到學飛失敗的小蝙蝠，同事把牠帶回宿舍，調和蒸熟的蛋黃與保久乳用吸管餵食，並在保麗龍箱上橫掛竹筷，讓蝙蝠倒掛棲息，牠小小的腳趾奮力握住竹筷，從後腦勺望去，像掛著披肩的蝙蝠俠背影，懵懂而帥氣，是我記憶裡山上的小蝙蝠俠。

實在很想再次近距離觀察蝙蝠，於是找來木料做了一個蝙蝠屋，屋裡有三間套房，其中一間稍大，是給蝙蝠媽媽育幼的總統套房。雖然時值今日，懸掛在屋簷下的蝙蝠民宿仍然乏蝠問津、住房率掛零，但每逢暮色低垂，我已習慣抬頭望向天空，努力分辨燕子啊、麻雀啊與蝙蝠的剪影差異，或許蝙蝠比飛鳥小了些、左右展翼較窄、尾部收斂、振翅更為密集。再者，哺乳類的蝙蝠為了獵捕空中的食物，在演化的漫漫長路上像變魔術般把手指伸得很長很長，並在腋下與指間長出了黑色薄膜，往三度空間裡悠長探去。而鳥類的翅膀則是手臂一彎，前端指骨融合成一體，用著整條手臂在空中飛翔。每每啃食二節翅時我同步想起了自己前手臂那兩條尺骨與橈骨，身體的證據歷歷，我們與鳥不遠。

用手指飛翔想必比雞翅膀來得機械精密吧，那些能在空中突然靈巧轉彎的，想必是那個只在夜裡出沒且高深莫測的瘋女人。

〈粉油膩麻雀〉

菜園旁工寮一隻被黏鼠板沾黏的麻雀，無力拍打著單邊還自由的翅膀，卻越掙扎越是無助。與鳥不熟，本想匆匆離去，但因為撞見了，逃不過內心重重的道德焦慮，最後還是把牠拎回家。

用剪刀把麻雀黏答答的細羽與黏鼠板小心翼翼地分開，此時麻雀的嘴喙、羽毛與我們的心境都呈現膠著的狀態。趕緊上網問卦，查到可用沙拉油幫助動物皮毛除膠，於是趕緊倒來一杯油，讓牠整身浸泡，再反覆搓揉羽毛，不一會終於稍稍脫膠了。只是這麼一來，將膠著感取而代之的換成了油膩感、一種清水怎麼洗也洗不掉的厚重油膩，於是再次問卦，查到灑麵粉可以除油，便轉身從冰箱取出平日煎蛋餅用的低筋麵粉，符灰一灑，油膩的惡靈退散！

本是出於好意，但此時麻雀脖頸上的羽毛變得黏膩扁塌，長長的脖子顯現出不尋常的細，一搓搓變得深色油重的鳥羽伏貼其上，眼前的麻雀好像生化怪物，完全沒有動物該有的蓬鬆模樣。

自責這一連串反倒像用我們的無知在惡整牠，什麼沙拉油麵粉的，是在料理食物嗎？深感荒謬之餘，還是用吹風機與鎢絲燈幫牠保溫，只是隔日清晨，麻雀已經奄奄一息了。

事情過後偶然的機會下詢問鳥會，鳥會的人員表示：「協會裡撿到受傷的麻雀從來沒有成功飼養過，很奇怪吧！這種野性與生命力都極強的鳥類，卻難以仰賴人為的飼養。」這是我少數近距離接觸鳥類的經驗，從前我完全不能明白鳥類的可愛，只是在麻雀受難事件後沒多久，六隻新生的小雞相繼報到，展開了我自己也難以預料的愛上雞的旅程，也算彌補了對於那隻麻雀一連串的失誤吧。

〈魚塭〉

昔日他們用石頭砌了魚塭，用以養殖鰻魚，烈日下村人在紅磚工寮內整裝入箱，外銷日本；如今他們不養魚了，把魚水放乾，改養菜苗，種地吃飯。

初來這座小村時曾探到這裡，四方的石磚圍牆一座座綿延成許多相連的格子，裡頭草木叢生，間或開墾成一條條菜畦。我們延著一米高的圍牆看能走到哪，一路上斷垣殘壁，高高低低、上上下下，一會是牆外栽植的紅甘蔗擋住去路，一會得屈身穿過桂竹的散枝。我說這像岩井俊二的《夢旅人》，那部以三個精神病患為題材的老電影，因為被院方規定不能出院，只好沿著病院圍牆走，連接著一座座建築外牆就走到了天邊遠方。我喜愛的男演員淺野忠信也因此片與女主角 Chara 相戀，往後所有一行列走在圍牆上的人們，所產生的末日邊緣意向總使我想起這部片。

六〇年代這一帶的鰻魚事業曾經盛況一時，住家附近上了年紀的村人或多或少都有親戚在鰻魚養殖的公司裡待過，後來因宜蘭的氣候寒冷不適宜養殖業，一家家陸續收了起來。時至今日，村人不只在池底種菜，也在魚塭旁清澈的溪流種植空心菜，溪流上由泥沙淤積而成的迷你荒島，島上有空心菜叢林密布。「本地的原生品種，很重的空心菜味唷！」他們這樣說著。

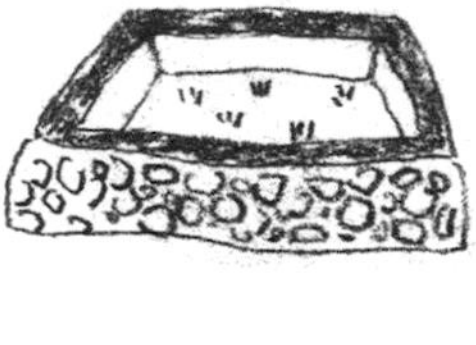

〈牛奶盒家庭成員〉

我居住的白色平房彷如一只牛奶紙盒座落在這片土地上，隔著一層輕薄的紗門，裡外不分。一回炙熱的初秋午後，推開紗門準備外出，一條趴在紗門上正想找縫隙鑽進屋裡避暑的臭青母，就這麼匆匆在我眼前蛇過去；有時吃晚飯發現燈管旁有小蜜蜂嗡嗡作響，不特別理會牠，隔了兩天後仍在屋裡陪我們吃飯；又或者剛從菜園採來的小松菜，葉片上還留有雨後的濕漉之氣，蝸牛、蜘蛛、蠼螋每每藏匿其間，就這麼順著洗菜的水流嘩啦嘩啦沖入濾槽，一陣酒足飯飽後，牠們不知何時爬出了碗槽，在光滑的白磚上緩緩挪移。

若說那些夜裡趴在紗門上渴慕日光燈的甲蟲是夏季夜裡的常客，那麼壁虎就是終年招至門下的常駐食客，隔著玻璃窗，外頭的壁虎正上演皮影戲，兩相交配或者打鬥是偶爾的戲碼，精細的小掌蹼則恍若霧裡朦朧的珍稀奇物，而已經進到屋子裡的那些，有的是正在脫皮時被我撞見，有的則留下紡錘型的便便在桌上，用來證明牠也是這間屋子的一員。

在眾多一起生活在屋簷底下的生物之中，最令我驚奇的是螃蟹來訪。雖說平房距離蘭陽溪的灌溉支渠不過百公尺，我曾在河邊菜園墾地時遇過螃蟹，也曾在雞舍更換飲水時看見淹死在水盆裡的螃蟹浮屍，但能在客廳轉角遇到蟹的經驗仍令我感到莫名不尋常。

蝸牛、蜘蛛、蠼螋、甲蟲、蜈蚣、馬陸、蜜蜂、壁虎、螃蟹，還有路過的鱉與蛇、貓與狗、一牆之隔的家禽，或者仍在屋內照養的幾日齡小雞，以及缸裡飼養的泥鰍、蝦與青蛙。我從未像現下這麼深刻感覺到自己與土地上的眾生萬物共同生活，屋裡屋外的界線被模糊，人與自然的分野也被拭去，我們都是寄居在牛奶盒裡的一份子。

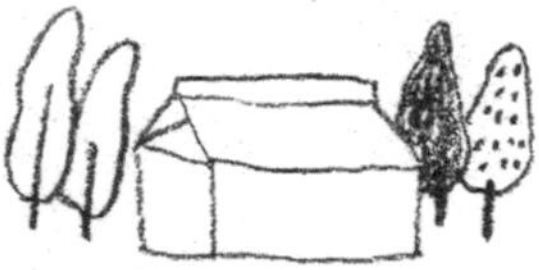

〈關於雪〉

週日早上把去年耕種的最後一批稻穀拿去鄰村的碾米廠，碾完米隨後到菜舖買菜，站在豬肉攤前看向筆直的小路盡頭，遠方的山都覆了白雪，說不出的奇幻、超現實。那是全台許多地方都下了雪的那一天，二〇一六年的元月。

豬肉攤的木樑上停棲了幾隻肥滋滋的麻雀，偶爾飛下來偷吃攤上的生肉，正在心想原來麻雀也吃豬肉的同時，一旁的婦人向我們說道，自己四、五十年沒看過這樣，現在接近中午已經融了一些，早上七點的時候，山頭的雪更厚，勁水*，像月曆一樣。

「像月曆一樣」、「像月曆一樣」、「像月曆一樣」。我幾乎能夠想像在她古早味的灶腳飯桌旁，牆上想必掛有一幅紙面上帶點油煙黏膩的月曆，每回她撕月曆時都會看見京都的楓紅或是富士山雪景，內心大概多少會激出幾句讚嘆。原來上一輩人對於歌頌美麗的形容詞竟是月曆，如此老派迷人，整天想到都會心一笑。

猶疑了一會，決定騎車前往雙連埤，為了看雪。那條曾經往來幾年的熟悉山路，兩旁的山巒都間間續續覆蓋了白雪，就連路旁一向給我熱帶印象的筆筒樹，蕨葉上同樣披了一層雪白，在視覺上予人很大的衝擊，熱帶與寒帶共冶一爐，矛盾違和。

抵達了雙連埤廣闊的山谷間，一位老人向我們攀談，說自己從小在這裡長大，以前這裡都在佈稻仔，冷天的時候稻田裡頂多覆蓋一層薄霜，活了七十年沒見過像今天這般厚的雪。敘述的過程裡他有點激情慌亂，於是那樣的攀談竟然近乎於求救，我感覺他的驚訝快溢出來，無論如何得抓個人分享才行。

回到家後，看見雙連埤再上去的福山植物園，熟悉的水生池、池邊的草地與水杉，全變成白茫茫的一張照片，從前在福山森林樣區做研究的前輩好奇著這山裡的動植物生態會起什麼樣的變化。是呀，林子裡那些山羌、獼猴、飛鼠、山羊，牠們也是生平第一次見識這般大雪吧，想必跟我們一樣驚慌都溢了出來。

＊「勁水」，宜蘭台語腔：很美的意思。

〈無街之城市〉

我們所住的平房，房東在市區邊緣經營雜貨舖，房東的外公則居留農村，有些微的重聽。一日上午他就這麼輕輕推開紗門，走進你的家裡，打開櫥櫃東看西看，左右探問。

移居農村之前是農曆年後的空檔，正結束一段高濃度的工作，我利用大把空白的時間把伊藤潤二所有漫畫讀完，其中一篇〈無街之城市〉，勾勒出一座怪異的村落樣貌。在那裡，房屋之外所有的街道上，都被人搭造了密密麻麻的違章建築，因而原本作為家戶之間緩衝的街道憑空消失了，於是本來屬於家屋裡面的客廳、房間，就成了行人不得不穿越的道路。

「鄉下是個令人毛骨悚然的地方，你不覺得嗎？」最初搬來農村時我這麼問著TN。

我們所住的平房緊鄰一條小路，汽機車的引擎聲偶爾行經，每回引擎慢下來總有他人要來造訪的聯想。臥房窗戶外則是鄰居的菜園，清晨我常為鄰人母子形同吵架般的對話音量所吵醒。但其實他們沒有在吵架，詳聽內容不過是討論菜畦要怎麼整、棚架該怎麼搭、遠房親戚的喪禮該包多少、這回該派誰去等云云瑣事，但那股道地且流利，特有的宜蘭台語腔就一字一句清晰打入你的耳裡。

剛來的時候我還沒替平房的窗子裝上簾布，時常覺得自己的日常作息都被看進鄰人的眼裡與耳語之中，起床為盆栽澆水遇到鄰人、餵雞遇到鄰人、騎車外出也遇到鄰人，我向他們點點頭，他們開始攀談每月房租多少、在哪工作、結婚了沒、有生小孩嗎。一位從城市搬到三星鄉下的朋友也聊到，鄰人還會直接問她「是不是都很晚睡，看妳很晚了都還沒熄燈。」有時我會覺得鄉野是否以熱情之名，走著招呼他人的路，行更加理所當然的窺探之實，相對起來都市或許不全是冷漠，而是個人安安分分，不攪擾他人。

不過那一切或許是我從都市電梯大廈搬遷至鄉野平房的強烈反差，爾後我漸漸熟悉了哪一戶住了誰、誰跟誰合不來，又或者誰是誰的叔公。我與TN為了閒聊方便，還私下替這些鮮明活跳的鄰人取了代號——土撥叔、阿涼姨、芋仔伯、關門阿嬤……換他們也走進了我們的細碎耳語中。

〈阿涼姨〉

來到陌生的地方，一切都在摸索中行進。離我們最近的一戶是隔著小路對面的阿涼姨，她的平房夾處於兩條馬路之間，是一塊呈紡錘型的畸零地，平房一側是她的菜園，另一側則為稻田，在秋冬休耕之時會以水覆蓋養息，倘若遠遠看著，常覺得阿涼姨的房子就蓋在水面上。

剛來的時候，鄰里的阿姨嬸婆都會聚集在她家門口打四色牌，阿涼姨已是阿嬤級了，但頂著一頭染成金色的短髮，時常邊鋤草墾地邊叼著菸，形成一種很台的前衛感。她可能是很慢熱的人，前期酷酷的，不太與我們講話，數個月後的某一日卻突然喚住我：「幼齒ㄟ，你們是不是在找地種菜？」於是她將鄰近舊時魚塭旁的河邊菜園讓給我種，那片荒煙蔓草的土地擱置了很久，雜草已木質化並且高過人身，許多鄰人曾向她要地，她都不肯，她還向我抱怨，這一帶大家牽一牽其實都算親戚，但有的借了地來種東西，就再也不還了，有的甚至問都沒問，就占地為王。

她交代我，倘若有人問起，妳就說這地是用租的，如果他們問多少，妳就含糊帶過。我問為什麼，她說：「那麼多人跟我要那塊地，我給妳卻不給其他人，說不過去。」我再問那為什麼願意給我，她給了我一個相當奇妙的答案：「因為你們沒有生小孩。」阿涼姨覺得，如果借地給有小孩的人，他們種久了就會把土地傳給他們的孩子，就再也不會還她了。

灑脫外表底下，好微小好可愛的綿長思慮。現階段的自己從沒想過能長期擁有什麼，對於一個房子是租的、稻田與菜園也是租來的，能持續使用三五年就已心滿意足的人來說，覺得禮重。

〈樹看起來不理你〉

賓哥是幾年前在福山植物園工作的同事，從草創時期至今待了近三十年，那時年輕助理都住山上宿舍，傍晚會共同煮食晚餐，每天騎檔車通勤的賓哥有時就帶些自己種的蔬菜放在我的辦公桌上，冷冽的山上生活總因此增添幾分暖意。

幾年過去，我又回到宜蘭了，賓哥從市區搬回田間的屋舍就在我們平房不遠處，我們成了鄰居。偶爾飯後他們會來串門子，有時我去他們家，又順道喝了一碗賓嫂拿手的香菇雞湯。偶爾我起得晚，推開房門看見機車手把上掛了一袋冬季盛開的杭菊、車籃裡有一紙盒雞蛋，或者剛從土裡挖來要讓我練習栽種的莧菜苗。彼時辦公桌上的那袋蔬菜，時移事往成了機車手把上的驚喜，它們靜靜在那裡，靦腆不說話，定格成我心底的一幕風景。

賓哥喜歡樹，曾給我桑葚與香椿的樹苗，讓我種進屋前的盆栽裡。在福山時我們有不懂的植物就會問他，他最愛說園區裡黃藤與那株老樹愛恨情仇的故事，助理一代代更替來去，我們都曾聽過那個故事。

常聽賓哥談起小時候在清水地熱的老家，某個閒散無事的週日，我跟著去探訪他兒時居住的那片山谷，在荒地上勾勒想像昔日被惡水沖去的老房子與竹圍，還有山稜上的童年賓哥與兄弟姊妹採野果的景象。唯獨山腳下一整排蓮霧樹，迥異於一般會刻意矮化的果樹樣貌，呈現少見的高聳入天，那是賓哥父親當年所栽植的。還記得那天賓哥望著樹向我說道：「很奇怪吧，人已經不在那麼久了，樹卻在這裡長這麼高。」

我們還去了清水溪寬廣的河床，漂流木遍布其上，賓哥用柴刀隨意削下一塊，便能從其氣味、紋路、色澤判斷樹種，香氣濃郁的是檜木、色澤灰白的是木犀科、有點狀紋路的是殼斗科、木紋優美的是杉木。我不懂樹，撿了幾枝樹皮像砂畫的胡頹子細枝，當寶一樣帶回家。

在老家還沒被惡水沖走前，賓哥每天都要越過清水溪，步行到對岸的清水小學念書。九月開學不久後宜蘭常遇上秋颱，河床的路斷了，請假在家的賓哥因此跟不上二位數的乘法課程，一回在黑板前緊張地寫不出答案，就要被處罰之際，班長跳出來說：「阿賓過不了溪，沒上到課！」多年後賓哥把老家那塊地讓給人免費種橘子，而那人就是當時的班長。

清清淡淡的一個下午，瀏覽了賓哥一生的住所與工作，我問他最喜歡哪個家？清水的老家，還是後來搬遷到溪流對岸的屋子，是市區的社區住宅，還是現在落腳的田間屋舍。賓哥想了想告訴我，他一生就這樣做了幾個工作、住過幾個地方，能有個遮風避雨的地方就滿足了，不會去想喜歡不喜歡。

像樹一樣扎根下來，安身立命，沉穩而靜默。賓哥在距離清水溪不遠的岸邊陸上種了幾株土肉桂，會一直在那裡很久很久吧。往後的我還會再換過幾間租屋、去過一些地方，但有一天也會在泥地裡種下幾棵樹。

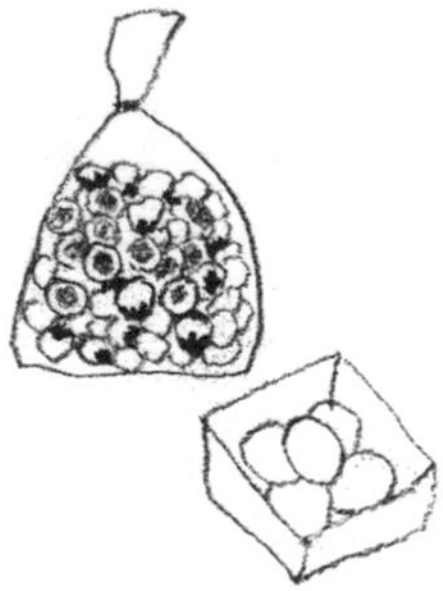

〈寮國農夫〉

Xay 是來台定居的寮國人，幾年前與妻小搬來宜蘭，就住隔壁巷子。Xay 有南國人的開朗樂觀，以及南國特有的黝黑與笑容，喜歡喝酒、唱歌、彈吉他。Xay 有種稻，一回發現稻子被玩得東倒西歪，並在泥間發現了山豬腳印，正巧 TN 的雙胞胎哥哥來家裡借住，當晚三人喝得醉茫茫地跑去田間說要抓山豬，結果頭燈一照，林間一對動物雙眼反光凝視，三人嚇得跑回來。

稻子收割的季節，Xay 割下新鮮的稻管，用小刀削尖吹口與出音口，以稻笛吹奏出聲響。Xay 也養雞，他告訴我在他的故鄉，寮國的山上，仍存有在野外生活的原雞，當地獵人會攜帶一隻母雞，讓牠發出咕咕咕的低鳴，好引誘公雞出來。Xay 還有種菜，他用自己栽植的作物來料理家鄉菜，把茄子在爐火上烤至表皮焦黑，剝皮後搗碎加入蒜頭、辣椒與香菜；或是用萵苣把雞肉、米線、芹菜、九層塔、蔥淋上檸檬汁包裹起來吃，他是我見過最會靈活運用香料植物的人。園裡採收了葉菜，他會放進湯裡煮，可葉菜從不切段，喝湯時會有很長很長的一條菜，就像在他的家鄉高麗菜也是整粒蒸熟、整葉撥下來吃那樣的豪邁。

Xay 教會我們如何煮出道地的泰式酸辣湯，讓我懷念泰國食物的味蕾能夠被平撫。來農村的第一年除夕，他因為年節期間要去市集擺攤，我們因為要餵雞，三人滯留在鄉野，那夜滿桌的台菜與寮式菜肴，吉他的線弦一刷，TN 奏起庾澄慶翻唱自泰國 LOSO 樂團的流行歌曲《命中注定》，Xay 則用軟語呢喃的泰文哼唱原曲，一樣的曲調，兩樣的語言，度過三個異鄉人的除夕夜。

〈險溝與菅芒巷〉

鄰近幾個村落，在生活了數個月後，按圖索驥查了地名由來。深溝村原是古時一條深達五十米的溝道；蓁巷村的「蓁」指的是菅蓁、菅芒的枝幹，從前密如林的菅芒，古人用雙腳走出一條巷；外員山機堡圓弧形蓋狀的水泥量體，是日治時期戰機臨時停放的地點。

深深的溝、走出來的巷、來回盤旋的戰機，想像大地並不一直是如今馴服過後的平順，它曾是險溝惡水，荒煙蔓布，古奇且野蠻的，曾幾何時才是眼前，水渠是靜的，土地是平的，草是低於人的樣貌。

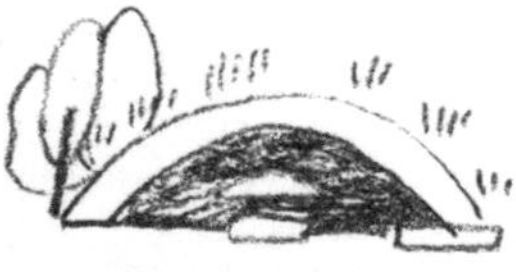

〈山裡的內城〉

鄰村之中，我最喜歡青山環繞的內城，每當從那座金光喜氣的紅色牌樓穿越以後，好像就能在平地與山的邊界發掘到新鮮的事物。它讓我想起南澳，兩者都有一股薄霧迷濛的映像，前者是山的水氣，後者是海的。

宜蘭的濕氣重，每當艷陽高照的時刻，村人都會趁隙把棉被拿出來曬；將要起雨時也必定有人出來大聲嚷嚷，提醒要落雨了快收被單。阿涼姨說宜蘭流傳著一句諺語：「早冬看山頭，慢冬看海口。」早冬指的是上半年，慢冬是下半年，上半年要辨識是否下雨，要看山頭；下半年則要看海口，壯圍頭城一帶。下半年我們這山腳下的村子鐵定是看不到海口的，但至少上半年能往內城那望去，看聚集在那山的嵐霧多不多，看那的天空是清澈或者灰濛濛。

〈定時狂歡〉

搬來農村兩年，第一年什麼都是新鮮的，極速探索；第二年歸穩於一份尋常，卻因重複，逐漸看出脈絡。每年四月清明前後，村人開始醃梅子；五月中旬路旁竹簍曬著一塊塊切成正方體的豆腐，準備做成豆腐乳；六月到來會曬粽葉來包粽，七月竹竿掛著甜甜圈一樣的冬瓜切片，同樣的竹竿在農曆年前掛上一條條鹹香四溢的臘肉。此外，連續晴天他們會在野地燃燒平時堆置的木材竹材，以取得草木灰作為根莖類的鉀肥，然後每月農曆十五廟裡有兵將會，每年繳上千元這天就有辦桌可吃，當然還有一年到頭各地廟會為神明舉辦的慶生，逢慶典之日，歌仔戲接連演出，平日九點就早早入睡的老人們，也在這日的午夜狂歡不睡。

在這裡生活生活著，耕作耕作著，總能在四月發現了第一隻飛進臥房裡的螢火蟲。五月天氣轉熱之際，那條前往菜園的小路旁，光蠟樹上爬滿吸取樹皮汁液的獨角仙，吃飽喝足後舉辦甲蟲的性愛派對。五月底烏鶖開始育雛，每當行經電線桿都成了疑神疑鬼的神經質路人，還有七月那座山腳下的野生蓮霧必定結果，八月海邊成排的桑樹滿是桑葚。

村人如犬蟻奔波採辦，蟲與果樹在各個季節定時狂歡，他們分頭忙碌，在大地上蜷伏騷動，是時間到了便著手行事的規律者。

〈端午沐浴之必要〉

幾年前還住在都市，來到宜蘭進修農業課程，借住了福山同事黃姐的家。

那年端午節為了替當時出版的新書做宣傳，因此上午騎著單車橫跨宜蘭橋到警廣錄音，因為提早抵達，被安排坐在會客室的沙發等待，一旁古式收音機同步放送主持人在錄音間播報的當日新聞與路況：「礁溪二龍村的龍舟競賽已蓄勢待發、宜蘭河的龍舟競賽隊伍整隊中，以及中山路的自小客車擦撞……」一會又接獲原通報者趴趴熊來電，事故已解除。

那是一段家常而愉快的現場錄音，原定三十分鐘，但當日路況出奇的少，所以主持人提議將時間延長，聊了一小時才結束。

錄音完畢我騎著單車回到黃姐家，與他們共享端午節大餐——粽子、桂竹筍湯，以及長豆與茄子，這些都是端午節前後盛產的食物，他們說端午節要「呷豆呷擱老老，呷茄仔呷擱會搖（ㄑㄧㄡㄌㄧㄡ）*」，在開始種菜以後，才發現這幾樣蔬菜真的是在盛產之際吃都吃不完的作物。

用餐到一半，黃姐的表姊也來訪，踏進屋裡便繞著廚房與客廳滿室熱鬧，聊她剛從礁溪泡湯回來，並談及今日礁溪的人潮不少。我好奇著時值六月大熱天為何正中午要泡溫泉？原來傳統地方的村人認為，端午節午時之水富有能量，足以洗去一整年的穢氣，因此有閒情的宜蘭人就會趁這時候跑去礁溪洗澡，說著說著，約莫中午十二點四十五分，黃姐的手機響起，她以台語應對道：「我在等妳來才沒有去洗，吼啦吼啦，既然妳ㄟ咖晚來，我丟先去洗身軀。」一語畢後就迅速掌握灰姑娘的最後十五分鐘匆匆爬上樓去，不一會再帶著剛洗完濕漉漉的頭髮走下樓來。

恍恍然從天空鳥瞰，渺小叢聚的屋舍散落在遼闊的蘭陽平原上，我想像全宜蘭人都抓緊時間在這兩小時內洗了澡，在各式各樣的浴室與澡堂裡，一幕幕分割並敘的組合鏡頭在我腦海播映。

對當地人而言，每個時節都有其專屬且獨一無二的階段性任務吧，年年如此，使命必達。對比鄉野的人，我想起自己不只在工作型態上背離了體制，週間不週間、週末不週末，節慶於我而言也顯得如此稀薄，便有些欣羨他們能這般投注於其間。

*「ㄑㄧㄡㄌㄧㄡ」，台語：活潑的意思。

〈鄉野租屋奇譚〉

白色小平房算來只有十二坪，倚著邊牆的廚房、一間浴室、一間臥房、後方一座小陽台，不算大的客廳裡滲透了一些本該屬於室外的物品，諸如腳踏車、碾米後的粗糠包，甚至有段時期還放了頂帳篷，吵架的時候充當分房用。

小房子的好處是租金相對低廉，並且便於打掃，還意外激發我們對於空間調度的創意潛能。翻開屋頂輕鋼架上頭的層板，我們掛上繩子，吊起橫列的竹竿讓雨季也能在室內晾衣服；除此之外，也把登山背包釘掛在牆板上，或用廢棄棧板製作木櫃，盡可能讓物品垂直配置，一一長出翅膀往高處安棲。

但偶爾我仍想要一間獨立的書房，一處足以安心工作的場域，這時想搬家的念頭就會隱隱蠢動。於是一邊住著百分之八十完美的寓所，一邊漫不經心地尋覓他處，就這樣陸續看了幾間房子，有點奇異的房子。

家住鄰村、在院子裡自己搭建樹屋的朋友，告知我附近有張貼紅色租屋字條的雙層樓房，距離我們租的菜園很近。某日抵達後敲了大門，一位骨瘦如柴的老人打著赤膊緩步走出，他原先正在書桌前聽廣播邊吃橘子，而那副桌椅是一樓那座毫無隔間的空間裡頭唯一的家具。環視一樓，牆面與地板仍維持在工地狀態的水泥粗胚，幾落舊書雜誌堆疊於地板，屋裡一側原有兩扇大窗，不知為何從外頭砌了整面紅磚把牆封死，屋內因而顯得昏暗。沿著沒有欄杆的水泥樓梯爬上二樓，床鋪旁有幾個生日蛋糕用的保麗龍圓盒蓋，倒放盛接屋頂的漏水，再步上頂樓，眼前是前所未見的靜謐遼闊，像是爬上了小村的屋脊，佇立在這座緩山環繞的山城中央。

實在是醉心於登上頂樓的感受，幾乎想為了這份心曠神怡租下此屋，只是貫穿了一、二樓，頂多見到位於陽台一處僅容納馬桶的小隔間，卻始終未見浴室所在，就再問了阿公盥洗的地方，他說：「在一樓，我帶你們去看。」於是從二樓階梯一步步走下來，阿公指向角落，那塊僅由五公分高的泥作小檻所圍繞的方格區域，即為老人口中常人概念裡的廁所圍牆。我們目瞪口呆之餘，再追問：「那……蓮蓬頭呢？」阿公說他比較節省，會到戶外溝渠打水回來這裡洗澡，「噢……那……排水孔呢？」阿公說這比較麻煩，洗完澡後要一勺勺舀到戶外。

我不是沒經歷過台南佳里燒柴煮熱水的古早式盥洗，或者東部海邊梯田竹圍的半戶外淋浴空間，但這已全然超乎我的想像之外。況且阿公並不窮，他在鐵路局退休後就在這間屋子住了二十年，鄰近還有另一棟屋子正在收租，他以並不覺得奇怪的姿態在說明這一切，彷彿理所當然。我感覺自己正片面闖入他私密且奇異的生活領域。

我們也曾到三星的鄉野看了間近百坪的大平房，方正的格局裡有諸多房間，一同前往的友人無意發現了其中一間房特別淺，若從房外牆壁的長度來對照，有一種很晦澀且不易察覺的差異，問了房東那間房後面還隔有什麼嗎，他支支吾吾交代不清，只說出入的門在另一側，現在不方便打開讓我們參觀。

兒時讀的《格林童話》有篇〈藍鬍子〉，城堡裡有許多房間，女主角被交代最小的那間房不能進去，但在好奇心驅使下她仍然悄悄開了那扇門，只見房裡吊掛著藍鬍子前妻的屍體，一時之間如同史丹利庫柏力克的《鬼店》，大片鮮血從牆面翻騰湧出。我當然並不覺得那間隱晦的空間非得有什麼不可告人的恐怖事件，只是倘若我們無所察覺、未曾開口詢問，那間屋子就這樣硬生生吞了一口不知名的隔間，附屬了一場未知於日常生活之中。

回頭想想小房子其實滿好的，單純可愛容易掌握，百分之八十的完美或許即是完美。

chapter 2

給雞情詩

楔子

關於飼養動物，僅有兒時與家人短暫照顧過一隻小狗、姊姊養天竺鼠咬破了媽媽的布鞋，這類稀微的記憶，從沒有全權自主養過動物，沒有從想望到實踐，正式扛負起另一場生命過。養雞以後，我與雞的生活是這樣：我種稻吃米、雞吃米糠；我吃菜、雞吃菜的蒂頭；我吃果肉、雞吃果皮；我吃肉，雞啃骨頭；我耕作、雞吃週邊的雜草。爾後我逐漸理解到，那是一段與雞緊密同棲的時光，在我的生命中，曾經確確實實地與這群毛茸茸的小傢伙共同生活了一些時日。

或許每個人都有接觸動物的需求。養雞的初始，我時常在睡前期待著明天的到來，心想「明天一早就能去看雞了！」便期待不已，有時等不及，夜裡拿著手電筒去探看牠們，擾雞清夢。此外，牠們也時常跑進我的夢裡，跑進我日常隨意哼唱的歌裡，於是雞作為地球上全體動物的代表，以家常之姿維繫著我對廣漠土地上與其他物種的連結。

從屋內一窩有著黃色絨毛的小雞起始，到滿月後放養戶外。從雞之間的霸凌行為，到雞隻逃逸與失蹤事件，到六個月後開始下蛋，以及面臨熟齡即將要殺雞的問題。過程裡有狂喜與滿足，有痛與罰，但我始終都慶幸能穿越整個過程、整趟旅途，感受雞的滑稽、雞的演化線索，以及動物專屬的神秘。

〈整地，一座平房的潛能〉

我們所住的平房與隔壁閒置的老屋僅隔一條一米寬的防火巷，雖說是窄巷，但因老房低矮，正午前陽光能照進狹長窄巷的左半邊，整體而言不至於陰暗。窄巷延伸出來，門前電線桿下還有一塊畸零的三角圃，我們著手除去上頭的芒草、雜木、之前亂入的果皮、木板下密生的白蟻卵，還有一口被蓋上腐爛木板的古井，當掀起木板時，還能感受到井口一股沁涼冷風自不知名的地底深處吹來，陰森莫名。

來回了幾十趟，到百公尺外魚塭牆河流邊的沙丘取土，那座鄰人供給我們的土堆，用推車往返運土，把水泥底部的防火巷與這塊畸零地覆蓋起來，為了養雞。

沙土覆蓋了古井，月底稻穗收割後的粗糠再來覆蓋沙土，木造的雞舍將座落其上，養雞的夢逐漸成形。

〈買雞，外地客與在地種〉

整個七月都在想養雞的事想瘋了，迫切養雞，渴望養雞，想看鮮黃色的小雞啾啾，想為雞建造房舍，想果皮菜渣有所歸屬，以及想吃土雞蛋。詢問這一帶有兩處買小雞的地方，其一是南館市場，那座超現實的天井建築體，賣的是南部來的雞，依照性別、品種、一週或數週大來訂定賣價；其二是員山街上的孵蛋店，是當地居民將家裡授精後的雞蛋拿去舖裡機器電孵，是宜蘭在地種，自然繁衍，代代相傳，長大後花色不一。兩相比對後多想跟孵蛋店預定，但老闆娘極力勸退，說這些剛孵出來不到一週的小雞對新手來說太過棘手，加上剛出生分辨不出性別，就算認個數來隻，也不一定能對到母雞。

聽取孵蛋店的建議，來到南館挑了六隻母雞。店家鐵籠裡的小雞就站著度咕，練就一秒入睡的本能，醒來後會向後伸伸小腳，活絡筋骨，我們一隻隻拿起來看，挑選了屁股附近沒有沾黏糞便的小雞，以此判斷健康程度。這家店舖只賣唯一雞種，老闆用閩南語介紹是「相打雞」，我們似懂非懂地點點頭，直到後來才了解，原來相打雞就是鬥雞，有著高挑的腳、較易飛的長翅、身型修長挺拔、性格比較好鬥。不過還好經過長久馴化，這種鬥雞已改良為肉用鬥雞，跟印象中常鬥得頭破血流的不甚相同。

兩個人的機車座上，中間夾處了一盒雞仔，一路飛馳回家。我抱著紙盒，聽見六隻生命在裡頭唧唧喳喳鼓噪著，途中牠們會透過紙盒上的開洞，用細小的喙啄啄我的手指，展開了初次的接觸。

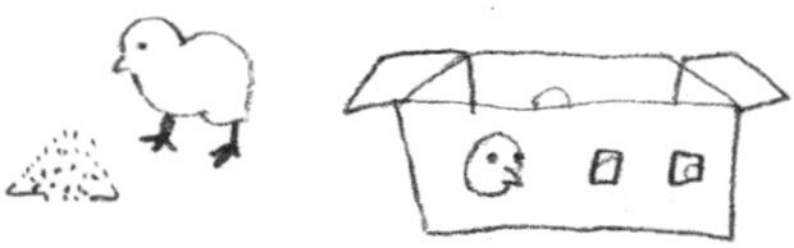

〈六隻女兒〉

半夜巡房，六隻女兒睡得軟綿，從粗糠墊料的巢裡溢了出來，雞脖子像蛇那般曲折且長，垂掛到地上。清晨起來，確認牠們還活著，回頭補眠，半夢半醒聽見小雞叫得大聲且急促，朦朧之間以為小雞的紙箱被貓咪入侵，結果只是鄰人的吵架對話，我竟把內心的恐懼代入。

養雞三日，成了母親。母親神經質，一外出便是思念，一回家便是確認；母親把屎把尿，腦海張貼各式雞屎顏色外觀的型錄總和；母親建造雞舍手掌起繭、臂膀敲打出肌肉，母親有些癡迷。

活下來了，小雞不再發抖，並排出美麗的棕色的便便，獲得外出放風的門票。一米寬的長型院子，剛填的土還沒長出雜草，只有牆角的海金沙與腎蕨綠影婆娑，像小雞的芭蕉葉那般乘涼，牠們啄沙子、啄螞蟻，誰咬到了蚱蜢眾雞振翅齊追，像全場的籃球賽，蚱蜢球。

每隻雞有自己的性格，牠們不是工業化的商品罐頭。白色那隻最好鬥，會啄別人；深橘色的愛發懶，每回放風沒玩幾下就用後腿踢土窩著睡；金黃色的最親人，我最喜歡把牠兩腳朝天握在手裡，牠會如嬰兒閉上眼睛慢慢睡去，也喜歡從腹部盛起，感受小雞暖呼呼的體溫，牠金色的脖子會像河流蜿蜒至我的手腕。

嬰兒的時刻總讓人想哭，一面是生命的溫柔一面是幾克重量。

身邊的人都預料我會捨不得吃牠們，說牠們會變成寵物雞，這迫使我提前去想這個問題，但我其實沒這麼覺得不能吃，對我而言，只要小雞活著的時候是陽光與風，泥土與蟲，那這一年半載的快樂也是完滿，爾後一刀結束，再次迎接新的生命，如此循環。

〈提醒事項〉

放養小雞時不宜穿著附有鈕扣的長褲，六隻小雞會環繞著你啄啄右邊口袋的扣子、啄啄左邊口袋的扣子，叩叩叩，口袋裡面有人嗎？也不宜穿著襯衫，小雞會跳上坐在椅凳的你的大腿，啄啄胸前的扣子、啄啄小腹的扣子；當然更不宜卸下心防曲背種菜，小雞會直接跳上你的肩背，然後你會一秒變成蔡康永。

〈遛雞〉

縮小成一隻幼年的雞，
怯怯然穿梭在茴香森林、黑豆森林，
偶爾想起要躲在妳的腳邊，
在巨人的菜園裡，躲在巨人的腳邊。

〈滑稽〉

為了避免吹風受寒，小雞平時住在屋內紙箱裡，晴朗無風的天氣就帶牠們到外面活動，直到滿月才正式移居戶外。後來捨棄了路旁的三角圃，決定把雞舍放置在填土窄巷的後頭，較為隱密安全，並在小巷的前端入口釘了木柵門，用以防止野狗入侵。每當上午太陽照進這座長型院子，小雞都會以洗沙浴的方式來替自己殺菌除蟲，牠們斜躺著身子，用雙腿側踢出淺沙坑，一面將自己窩進坑裡，一副發懶的姿態享受著難得的陽光。

我最喜歡蹲在柵門前觀察牠們，也時常對著雞的行為發噱，牠們對我而言不純粹是可愛，比較像是滑稽。以為有食物的時候就會從後方雞舍衝向前方柵門，振翅且彈跳的身體咚咚咚躍過障礙物，遠道而來湊不明所以的熱鬧。

牠們甚至像卡通影片裡行事誇張的角色，因速度太快直到要撞上柵門了才緊急剎車，衝過頭的雙腳近乎在身體前方緊急剎車，與地板摩擦出尖銳的「ㄍㄧ」聲，還因速度過快滑了一小段才止步。

雞就是這樣一個任何事情都要搶頭香的大嬸性格。

〈董事長跌坐〉

垃圾車的音樂在每晚八點強勢呼嘯，對小雞而言那是牠們生命中遇過最暴烈巨大的聲響。初生的小雞無論此時正從事什麼，或站、或臥、或喝水、或吃食，當垃圾車掠過家門前，牠們必定全體定格，瞪大眼睛不敢動，像誰喊了聲一二三木頭雞。等到車子走了，聲音漸行漸遠，牠們就像鄉土劇的董事長接獲晴天霹靂的電話後，一聲「登愣」配樂，然後一屁股跌坐在沙發椅上。不過牠們那種在音樂結束後的跌坐，不是董事長的萬念俱灰，而是因為方才太過緊繃而突然放鬆下來，於是從站立著的鳥仔腳慢慢回復窩踞的姿態，好像一邊在呢喃：「呼～搞什麼，剛剛真是嚇死我了。」

〈按摩〉

「小急躁」肚子餓的時候愛啄人，想是容易緊張，就特別喜歡幫牠按摩。雙手伸進雞翅膀底下，指腹像摸骨一樣在隆起的山脈與鞍部間反覆壓揉，雞的體溫並不低，有時甚至熱到發燙，舒服的時候會放鬆咯咯叫著，每每按到尾椎處，牠們會近乎跪下來並將全身的力量放掉前傾，吼～是有這麼舒服就對了。

〈奶雞秀〉

週末家人來訪，我問姊姊五歲大的女兒，要不要觀賞「阿姨奶雞秀」。這是出自一回我正在餵雞，路過的鄰人閒聊問到雞隻多重了、可以殺了沒，隨後婦人就俐落地從雞的兩腳拎起來，上下秤了秤說：「差不多兩三斤，還早。」我見到倒立的雞在婦人手中悄靜不動，往後也試著把地上亂跑的雞從後方抱起，腹部朝天，倒放在懷裡，牠們起初會因為緊張，兩隻雞爪都蜷縮起來，並張大雙眼瞪著廣大的天空與四周，隨後我一手幫牠們捏捏肚子捏捏腿，牠緊繃的爪子就會逐漸鬆開來，腿也慢慢伸長放鬆，此時如果我再遮蓋住牠的眼睛，牠很快就能在幾秒內被奶睡。

因為所有的雞都有所謂的「雞盲」，都會怕黑，所以把光遮住，就形同關了燈的房間，牠們在我的手掌房間裡被哄睡，發出細微的鼾聲。是一場獻給外甥女的奶雞秀。

〈同名專輯：給雞情詩〉

從沒想過會愛上雞，
卻不只一次夢見雞。

你喝水的樣子很療癒，
吃米的樣子最充實，
困惑的時候會歪頭，
天黑的時候最慌張。

水平視角望見你從雞舍衝向我，

雞頭都會微低前傾，胖胖身軀左右晃，
顱頃得很萌，我的心底小花遍落，
開始懂你肚子餓時、天空有鳥飛過時、碰見新食物、
覺得挖到寶、有求於人時的叫聲都不一樣。

世界之大，三生有幸遇見你，
遇見遠古而來的你。

〈妳的呼吸〉

卡在雞鼻孔的絨毛，
一呼一吸，一張一合，
呼氣的時候絨毛微微飄移，
吸氣的時候絨毛緊貼鼻孔，
透明的鼻息在我眼前具體展演，
妳在呼吸，妳一直都在呼吸。

〈罔市〉

所有的小雞都是罔市*，
都會腹語術，
都是恐龍變成的。

*「罔市」，「罔飼」，台語：隨便餵養的意思。

〈霸凌事件簿〉

十月六日，養雞滿三個月整，一覺醒來牠們的叫聲變得不一樣，從「啾啾」變成「咯咯」。我聽見外頭有雞在慘叫的聲音，霸凌竟就這樣無預警地展開了。昨天以前都還相安無事，也抑或早就在醞釀，今早開始牠的噩夢來臨，一整天被所有的雞欺負，對方用脖子壓制牠，啄，或者拔羽，牠被追著跑，會躲在我的腳邊、跳到我身上、會不想回家，我帶牠到三角圍放風，牠獨自在外面扒地，但地上根本沒東西，沒有蟲，只是慣性重複。但我沒辦法一直看顧牠，鄰居見牠獨自在外，以為我沒關好柵門，加上附近鄰人的菜園清早被扒亂過，好心的阿涼姨幫我向鄰人澄清是狗，她有看見那條黑狗清晨五點來弄的，隨後提醒我把雞關好，別惹來誤會。我感激她。

看見「小可憐」被欺負一次就難過地哭一次，想牠張眼就是地獄，我卻無力保護牠。怒斥霸凌者，巴頭、關禁閉都沒有用，處罰完繼續欺負人，我明白了處罰沒有用，以暴制暴無效，牠們不懂。

萬念俱灰，想我到底該吃掉被霸凌者，還是其他霸凌者，或是六隻一塊送給山上的養雞人家，讓牠們在山上跑，就沒誰想欺負誰了吧。

後來請教了前輩，對方提供了兩個關鍵：一是搬來樹幹，製造立體空間，讓被欺負的雞有地方躲避。二是將方型的飼料槽改為長條型，減低競食壓力。今早用梯子與木板搭建了小平台，小可憐一被欺負就自己跳上平台，甚至飛上屋頂，壓力造就牠成為群體中最擅飛的，然後用三個寶特瓶接成長槽，雞舍逐漸恢復了平靜。見到情況好轉，我的心頭烏雲散去，一場下來著實覺得飼育最難最沉重，關乎於生命的怎麼樣都不能輕忽。

〈飼育者〉

扛負著生命，微型的難以回頭的飼育責任，養小孩的百分之一，揣想六個月後鄭重結束，回歸藝文的呢喃軟弱，畫畫東西染染布，做做木工看看電影，這裡頭沒有死得了的東西，這之間哭得死去活來都是假的，唯有飼育裡的生命是真的。

〈失蹤事件簿〉

隨著雞隻越來越大，六隻母雞不和的傳聞也逐漸在圈內傳開。深棕色的小可憐與「老鷹」常被其他更胖的雞欺負，激發出牠們擅飛的本能，於是雞隻逸出的事件便日趨頻繁，越獄層出不窮。典獄長從後方嚴密監視，循線找到小可憐是從柵門方向逃逸，於是撿了竹子將柵門延伸架高，不久後又在屋內聽到振翅聲，牠彷彿參加跳高比賽又再度闖關，只好再放梯子擋住，這回終於飛不過了，只見越獄者在柵門徘徊，仰頭盯著思索。

一日入夜後回到家，發現雞舍少了兩隻，連忙帶手電筒到後方竹林尋找，一無所獲後返回家門，卻發現老鷹就蹲踞在鋪了粗糠的盆栽上，我的心中OS：「難道沒看到媽媽急著找人嗎，怎麼就悠哉蹲在這也不吭聲！」整隻熱呼呼的一副無辜樣被捧回雞舍，但另一隻小可憐就是怎麼也找不著。

一個晚上想了幾種可能：牠本來就愛往外跑，所以跑了很遠，投奔野外生活。又或者被狗吃了，但附近都沒見羽毛及屍體。最有可能大概是被人抱走了吧。一夜下來百感交集，有點難過卻又不確定是否該難過，但能確定的是，失蹤比死亡更教人難受，因為你無法掌握感傷的流向，你的感傷該歸至何處。

清晨半夢半醒間，睡眼惺忪看見TN雙手捧著小可憐站在臥房門口：「快跟媽媽說對不起～」哈，好像知道一定會找到，他就這樣花了兩小時在竹林找到牠。謝謝，我愛你們。

〈雞車〉

動物有其慣性，好像一旦飛出去過那麼一次，往後也只會越來越熟練；其餘不曾飛出去的，也許不是不能飛，只是不知道自己也有飛行能力。

柵門的去處被攔，小可憐與老鷹改從側邊老房子屋頂投奔自由，窄巷兩側都是牆面，幾乎沒有空間起跑緩衝，我眼看牠們仰頭往屋頂望，隨後雙腳一蹬，振翅一飛，竟然近乎直升機一樣垂直上升。

牠們在爬滿青苔的黑瓦屋頂上大方散步，東啄啄西探探，隨意找蟲吃，屋頂散步還不夠，就飛落至柏油路上，吃一吃路邊的咸豐草，挖一挖竹林落葉下的蚯蚓。我見牠們在外頭自在，總比在裡頭被欺負好，時常讓牠們玩一陣子再回來。

有時玩到快天黑，牠們就會像仙杜瑞拉一樣匆忙趕回家，雖然牠們懂得如何飛出去，卻完全不知曉以同樣的路徑返回雞舍，常常就擠在柵門外，一副「天好黑好可怕」的樣子哀求我幫牠開門。某日我們去礁溪爬山，下山後飽餐一頓才返家，竟看見老鷹就蹲踞在機車把手上呼呼大睡，牠大抵是溜出去玩直到黃昏時才想起歸巢，在柵門口徘徊了一陣子等嘸人，索性跳上機車高處睡著了。

鄰近的村子有人的雞舍被成群野狗闖入，一夕之間數十隻活雞變成幾具屍體與滿地的雞毛。而前後僅百公尺的朋友家雞舍，養沒多久的小鴨也在某日清晨徒留一只血淋鴨頭，像黑社會留下的符碼，彷彿帶著濃厚的警告意味，要飼養家禽的人們記住這場夢魘。

老鷹或許是隻聰穎的雞，知曉高處能讓自己安然無恙，我不知道在我們抵達家門之前，那條昏黃路燈映照著的柏油路上，是否曾有一群黑狗沿途一邊嬉鬧一邊探尋獵物，三三兩兩踩著牠們的掌蹼嗟嗟地路過這裡，那時候老鷹是否微張眼瞼按兵不動，將自己隱藏進夜色之中。

〈搜巡者〉

數日之後，一趟菜園回來老鷹又不見了，想回到屋內專心寫作假裝不在意，假裝牠一定會如同上次一樣傍晚時分就自己跑回家，甚至上機車等我幫牠開門。演了一下發現假裝不了，只好起身找雞去。找雞時竹林被風吹動的咻咻或莎莎聲都像是雞在林間走動的腳步聲，屋簷上的麻雀啾啾偶爾也模糊了焦點，於是冬日靜謐，我知道必須要靜下心來感應，把腳步放慢，想像雞的視角，想像牠看見我的雙腳走過，看見我穿的那雙紅色雨鞋，想像向晚的這時候牠在哪裡做著什麼。

竹林底下果然有不明確的咕嚕聲，低頭看見了老鷹，我見牠低鳴著不動，藏在草叢間。為什麼，是看見了狗所以不敢動？還是雞永遠有太多我不明白的行為。但無論如何，重逢的時刻總覺得這份機遇既是必然卻又不可思議，有點像「我知道你一定能平安回來」，「但我怎麼可能就真的這樣找到了你」，這樣的心情。

原來雞是不可能跑遠的，牠只會在一個慣性的軸上微微偏離。

〈土撥叔〉

雞是群居動物，除了睡覺時擠挨在一起有取暖的效用，我猜也有野貓野狗入侵時可以相互警戒、母雞孵蛋時能由母族彼此輪流替代，增加小雞孵育率等功能吧。在群體之中，牠們會自行發展出位階與啄食順序，這尤其在飼料不夠或飼料盒太小時，總有幾隻兇巴巴的雞會去啄其他的頭，只是我不太明白這之間運作的機制為何，因為從來不是那隻身型最瘦弱的「雪寶」被欺負，反而遭到霸凌之一的老鷹，牠的雙眼炯炯有神，身形挺拔神氣，還擁有像蜂蜜一樣棕黃色且柔軟蓬鬆的絨毛。

鄰人之中，已經是阿公級的土撥叔，是鄰里間遊手好閒的地痞，他時常用力按著機車喇叭揚長而去，用以吸引牠的愛狗緊跟在後，有時他們會一起到附近湧泉游泳，有時他只是帶著狗四處閒晃，對他人的菜園東念西念指點幾句。他也時常路過我家門前，駐足在雞舍外探頭探腦，在我初期養雞時滴咕：「啊捏嘛ㄟ賽唷，我看哩ㄟ飼嘎安怎！」

我其實不以為意，因為他縱使口無遮攔，有時也樂意慷慨助人，見我們自己在做柵門，就拿出家裡剩下的鐵網來；知道我們在找土填地，就提供先前堆在河邊的沙丘。只是活過半百的他，對於新來的外地人種菜也不施肥、養雞又一副菜鳥樣，他總會露出一臉看好戲的姿態，並誇口自己養了五十隻雞，連愛狗每日清晨都啃一隻雞腿當早餐。

日復一日，小雞們在露天的場域生活，偶爾外出吃草、到三角圃找蚯蚓、在竹林下扒蟲子，逐漸長成充滿活力的成雞。土撥叔駐足在我雞舍前的時間也越來越長，一回老鷹跑了出去，他見我輕易抱起雞並擁在懷裡，在一旁驚呼牠們竟能如此親人。

農曆年後忙於菜園春作，一大清早在園裡翻耕，某日午後累昏了，倒頭就睡了兩小時午覺，醒來後發現老鷹不見，本來不在意，直到黃昏時仍未歸，才開始擔心起來。就這樣三天過去了，從來沒有失蹤這麼久，我想牠或許已經死了，不然就是被人抱走，心頭陷落好大一塊，悵然若失。

直到三日後，土撥叔的母親在夜裡敲門，問我們是否少了隻雞，並解釋他兒子三天前在路上看到有雞亂跑，試著抱起來要歸還，但因不懂得怎麼打開我們雞舍的門，又一直沒遇到我們，索性先放在自己的雞舍裡。老母親的話語支離破碎，哩哩雜雜解釋著，並請我們隔日清早來取雞。

其實這三天裡，我遇見土撥叔數次，他還在我搭絲瓜棚時，隔著溪流說我搭的竹棚太小了，幾回路上相遇也總會迴避的眼神，一副欲言又止的樣子。

我大概在腦海中勾勒出事情的始末、鄰人那單純明白的心思流轉。我見他從輕蔑一路走成欣羨，想我竟然改變了他，更或許在他面前展演了一場更溫柔對待家禽的模式，是否無形之中也能影響他日後對待家禽的態度。

〈雞很乖吧〉

天色漸暗的時候，所有的雞、所有的鳥都會自然而然地自動歸巢，一隻隻爬上雞舍二樓擠著挨著卡好位置。同為雞迷的賓哥在我養雞後首次探雞時，望著一隻隻正在歸巢中的雞群，用著有點得意的神情微笑說：「雞很乖吧！」，那個「吧」不是問句，比較像是一位父親對他乖巧的孩子總是那麼優秀的一種肯定語氣。只是對我而言雞好像沒有很乖，隨意飛出來覓食的時候，還被鄰人笑說是流氓逛大街，如果真的有乖的部分，也只是出自於牠們很神經質又膽小吧。

與這樣一個全然陌生的動物認識半年，相處時我都認定有一份幽微的神秘氣流在緩動，像是牠會輕輕地啄我袖子，我便接收到那是牠在請求按摩的密語，我知道這麼想一定有自作多情的嫌疑，但我肯定是這樣不會錯的。

〈妳的生產〉

她急躁地來來回回，回回來來，就巢確認，跳下來，再次確認，再次跳下來。她要生產了，張著雙眼神情認真地窩在巢箱裡，發出連續且細微低沉的咕咕聲，其他母雞沒有干擾她，或窩著或站立，也瞪著眼睛聽她咕咕。

六個月又十天，下雨的午後生了第一顆蛋，熱熱的，小小的，淺棕色的。如同往後的雞肉一樣，滿懷感激的吃進肚子裡。

上一次最接近雞的生育，是在部落的晚餐，桌上那鍋雞湯裡有雞血，還有如葡萄成串的雞卵巢。那串葡萄裡最大粒最先成熟的，就會隨著母雞一次次奮力收縮，最後才成為雞蛋。也好像是真正靠近土地生活以後，才能夠看見整齊的食物樣貌以外，那些歪七扭八的不良品。比方說授粉不完全的缺粒玉米、像人蔘一樣分岔的白蘿蔔、乒乓球一樣大的花椰菜，或者因為缺肥而尾端收尖彎巧的小黃瓜，以及在整齊的雞肉以外，那些原本就藏在雞身體裡的這些那些。

〈竊蛋賊〉

一如往常繞到雞舍後方檢查巢箱裡有無雞蛋，正巧遇見母雞窩在巢箱內。我察覺她今天的神情有些不同，她的頭部定格，兩眼發直盯著空氣中的某一點，姿勢突然從窩著變成站立，兩腳站穩，胸腔有些前傾並略呈扁平狀，然後瞳孔逐漸擴大，身體發出非常細微渺小的嗶滋嗶滋聲，接著噗通一聲，一顆濕潤潤的蛋滾了出來，我見她原本脹紅的臉頰瞬間變得蒼白，幾分鐘後又變紅潤，然後再變蒼白，她伸長脖子把蛋挪到胸口下，再次蹲下來，用胸前的軟柔羽毛窩著孵蛋，她顯得非常疲憊，在我眼前瞇著眼睛邊孵邊入睡。

好像意外目睹了人類臨盆，感動地想哭，並為自己竊蛋者的身分感到幾分愧疚。

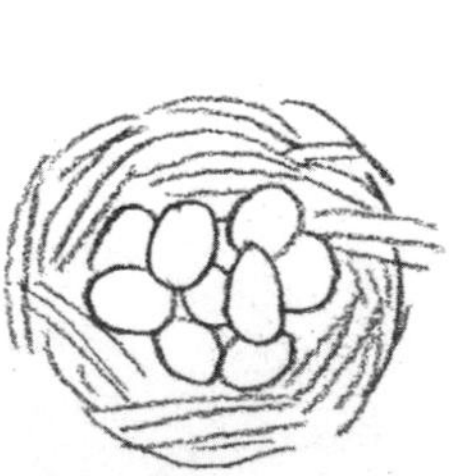

〈成為母親〉

巢裡有一顆蛋，兩隻母雞同時擠在巢箱，當一方站起來，另一方就伸長脖子，用喙與下頷把蛋悄悄勾回自己飽滿豐實的胸部下方，窩著孵蛋。因為巢箱被這兩隻雞佔據了，急著想生蛋的雪寶不停跳上雞舍探查，讓原本的母雞覺得備受威脅，於是她用一種我從未看過聽過的姿態，張開鳥喙向雪寶吼，牠脖頸上的雞毛一致向外弩張，此時吼聲卻是微弱的，柔軟但堅定的嗷嗚一聲，一時之間竟有點像貓。

幾回陪產陪孵，時光凝結，雞的睡意朦朧，我見到她多想成為母親。

〈關於雞肉〉

之一・「對我而言，只要小雞活著的時候是陽光與風，泥土與蟲，那這一年半載的快樂也是完滿，爾後一刀結束，再次迎接新的生命，如此循環。」寫於六個月前。

之二・「死在獵人手中的野生動物，不會比死在其他動物口中或通常也會痛苦的自然死亡更糟。假如農場動物不比野生動物遭受更多痛苦，那麼牠們也算擁有難能可得的美好生活。」在《吃的美德：餐桌上的哲學思考》讀到這段話，幾乎與半年前剛開始養雞時，關於家禽動物生存的價值觀相互呼應。況且，比起人類會將過往痛苦的經驗續存，累積成折磨或者存在焦慮，許多動物只能感受當下的舒適或痛苦。而比起在野外被天敵競逐數小時可能傷殘或苟延殘喘的死去，那些平日在農場安置得宜，死前在刀鋒下俐落結束生命的家禽家畜，所受到的痛苦已是相對短暫。

之三．理智上我已完全接受這樣的想法了，在雞群期滿半年的可食用日齡，再續養下去肉質會太硬，並且也沒有更多的碎米及米糠可以無限量供應之際，將雞處理成雞肉這件事是近日的必要之惡。然而在理智之外，我無法確認感性區塊會在何時崩解，是送去屠宰場的時候？是料理雞肉時？還是準備把肉送進嘴巴的當下？還是我從頭到尾都能平靜歸順於我的理智，帶著感懷的心去食用牠。其實我無法預料。

之四．TN說處理雞肉的事情全權交給他，不要我經手。我告訴他，既然我是一個仍在吃肉的人，我至少要親手帶牠去屠宰場，我總不能雙手潔白地大口啃肉吧，像電影《小森食光》的橋本愛也是親手去殺自己要吃的鴨子啊。

之五．一次只處理一隻雞，農曆年前格外忙碌的屠宰場看似不太願意。循線找到了願意幫忙的婦人，在婦人家門口商討細節，接著一邊走著來到一處雞籠堆置處，她說：「前晚就不能給牠吃東西了，週二早上你們把牠放在這雞籠就可以了。」

那時我才注意到雞籠下方的柏油路面似有血跡，隨著她手勢比向那燒著柴火用來除雞毛的大灶，我才明白那裡就是處理雞的工作場域。腦海裡我預見了雞的死期，是週二清早，也預見了牠將結束生命的場所。我想到牠還要在死前連續餓兩餐，並且孤獨地被放置籠裡等待，那樣的離別簡直像母親把嬰孩放在教會門口一樣令人煎熬。

理智縮得很小很小，感性全盤迸裂潰堤，我雖覺得婦人之手是值得尊敬並且偉大的，但有沒有什麼直接跳過雞變成雞肉的過程。這之間每個環節都被放得巨大又清晰，如同近距離血腥逼視，並且還受到了自己的強迫參與。

之六．最終決定抓了兩隻最胖的雞彼此作伴，於週二清晨一起送雞去。殺雞前後一連三天，白天都是正常的，夜晚睡前卻無法抑制頻頻落淚，哽咽難以入睡。心想「胖胖」已然成了雞湯，變成了雞腿，而胖胖就是當時的「小白」，曾經仰望鏡頭凝視我的小白，如今牠再也不存在於世界上，並且是我讓牠不存在的，再也不見。

後來從悲傷的墳墓鏠出了這樣的想法，如果把自己飼養的雞，每一隻都視為這個世界上獨一無二的個體，那往後每殺一次，感傷就勢必要襲捲一次，因而我明白了，其實胖胖永遠都活在這個世界上，因為仍留下來的老鷹就是胖胖，往後老鷹牠們也結束，下一批從頭飼養的小雞就是老鷹也是胖胖。所有的雞是一隻雞，彼此替代延續，接力存活，這是農曆年前給自己的解藥。

〈深夜屠宰場〉

農村自家的屠宰，是先將家禽脖子上的羽毛拔除，用利刃於氣管處橫向劃開，放進桶裡放血，而等待放血的同時，大灶正好將水煮沸，水滾後把已放血乾淨的雞隻迅速汆燙，因為熱度的關係，家禽身上的毛孔瞬間緊縮，就方便後續的人工拔毛作業。

不到兩小時的作業時間，一隻光溜溜的雞身與一袋內臟就交到手中，那是我替頭兩隻雞所選擇結束生命的方式。農曆年後，其他的雞開始產蛋，老鷹與小可憐仍三不五時逃逸，無論屋頂再怎麼架高，找來散生的竹枝橫放遮擋都無效，我們決定先吃這兩隻愛飛的雞，只是這一回，我想嘗試多了一道電擊手續的屠宰場，心想如果殺雞是不得不為之惡，或許電擊能為動物減輕一絲痛苦。

農曆年後屠宰場的生意不這麼忙了，電話中對方答應為我們處理農家零星的雞隻，只是屠宰場在夜間十一點後才開始運作，送雞去殺本就會產生的罪惡感，在夜晚行事又加深了幾分負疚。飄著濛濛細雨的夜裡，我們戴起頭燈闖入正在酣睡的雞舍雞群，黑暗中牠們乖巧不掙扎，迷迷糊糊就被放進紙箱中，紙箱蓋起後又因漆黑的緣故瞬間沉入夢鄉。我們騎著車奔馳在無人的街道，將進行一場屬於午夜的勾當。

鄉野一片黯黑靜謐中仍亮著光的屠宰場，逕自發出日光燈的冷調異色，坑巴巴的水泥地板濕漉漉一片，空氣中能聞見隱約瀰漫的血腥味，偶爾穿插幾次雞隻嘎嘎的驚嚇聲。場內一位戴眼鏡的年輕人走了過來，拿了兩條紅色尼龍繩要我們繫在雞腳上，以避免與其他雞混淆。我們一人將雞俯抱，一人繫上紅繩，紅繩鮮艷得像是女兒要出嫁，與靜默的夜相形反差。把雞交給年輕人，隨後在一旁無聲等候，透過屠宰室的小窗遠遠能看見屠夫站立桌前，牆上還掛有一台電擊設備，水泥牆外則掛著一幅早已過時褪色的馬年春聯。場邊黑色柏油路上積滯的水窪映照著蒼白路燈，黑白強烈對比，歡迎來到雞的陰曹地府。此時陸續有載滿雞隻的大型卡車進駐、卸載，那些都是將趁清晨之際運送至傳統市場的一籠籠土雞，也是為什麼屠宰場要從午夜開始營業的原因。

約莫過了半小時，戴眼鏡的年輕人將兩隻雞遞來，牠們已閉上了眼睛，像在持續剛才的睡眠，而腳上的尼龍繩仍繫著，只是僅僅半小時前後，從鮮紅變得虛褪，好像在那時候才能確切意識到，老鷹與小可憐已經不在這個世界上了，像一個人的離開，真真實實的不存在。

關於那夜的映像，所能想起來的只是一條逕自伏流的沉默之河，以及一場自願參與的自虐之詩。

〈同棲生活〉

許多人無法理解，我愛著我的雞，怎麼還忍心殺雞、吃雞，有人不解，覺得殘忍矛盾。有人說養雞場甚至還有「No name」的潛規則。有朋友自己也養雞，因為預期將來要吃牠們，所以刻意保持距離，除了餵飼料、換水，平時不太摸雞抱雞，有意識地克制人對於雞的情感滋生。

我其實沒想這麼多，也覺得為什麼見了面就預期要分離的人，就不能傾心對待。與雞的生活是共同在經歷時光的，一牆之隔，一側住了兩個人，一側住了六隻雞。下雨的時候我被悶在家不能去菜園，我知道隔著牆，牠們會自己跑回雞舍躲雨，牠們也是盯著那滴滴答答有完沒完的綿綿細雨，等待哪時要放晴的吧。颱風的時候牆邊的植栽一盆盆搬進屋裡，六隻雞也一隻隻抱進來，在曾經待過卻已遺忘的陌生空間裡牠們瞪大眼睛，一同聽見外頭狂風呼嘯，暴雨滲入。

平時我起得晚，等到我餵雞時牠們早已在外頭喧鬧了一段時間。TN起得早，一日要去餵雞，竟發現牠們還在睡，只好默默返回屋內，我一面笑他是比雞還早起的男人，一面看見我們與雞之間的作息序列。日常飲食，吃不完的麵飯，以前總會強迫自己吃光，養雞以後我讓自己八分飽，多的就分食給雞；又一回我們將採收的芋頭做了芋圓，把吃不完的拿去餵雞，想不到「金雞母」隔日不停咳嗽甩頭，鼻孔沾黏著鼻水，狼狽不堪，晚上睡覺還出現呼吸不順的鼾音，還好最後靠自己痊癒了。還有一次雪寶的便便裡有白色線蟲蠕動，我趕緊到飼料行買藥，回到家後將雪寶的鳥喙撐開，看見牠那三角形尖尖的粉紅色小舌，心一狠把藥投進去，而沒有反吐功能的雞，果真就乖乖吞進去，讓我驚呼不已。

如同生老病死的相處歷程，生命誕生滿溢喜悅的小雞甜蜜期、中雞相互霸凌搶食令人頭痛的叛逆階段，逃家、尋回、失而復得，一路再到成雞產蛋、交配，以及最後面臨食用雞肉的問題。我們與這群小傢伙共同經歷了這麼多，為每一隻命名、觀察記錄，知道每隻雞的習性與故事，我知道最後還是得吃牠們，但每當我養一隻雞，這世界上就多一隻我能夠自己掌握如何對待的家禽，與此同時減少一隻非人道飼養的動物。

〈搬進雞的眼睛〉

天寶葛蘭汀（Temple Grandin）是美國一名人道屠宰系統的設計師，目前美國與加拿大有一半以上的牛隻屠宰系統採用她的設計。她運用自己從小因自閉症而對動物擁有的敏銳觀察與理解能力，將自閉症者視為動物與人類之間的翻譯者、中繼站，改良了原本不符合牛隻天性的系統，包括她發現牛是不會走直線的，牠們的行進動線為曲線，因此將屠宰場的運送帶設計成弧度，讓牠們以為能透過繞圈回到原點，進而感到安心。另外她發現運送帶途中，那些被隨意披掛在欄杆上的外套、地面上的影子、水窪的光影反射，都會使牛隻分心卻步，於是將通道改成實面的板子，減少光陰造成的差異，並將接近屠宰系統的通道設計成越來越窄，因為她發現牛隻並不介意身體被輕微擠壓，反而因為那樣的碰觸而鎮定。

在閱讀天寶的書籍與電影中，我體認到如果你養雞，就得住進雞的眼睛；如同你養貓，也得住進貓的眼睛，可是人類是這麼一個容易一廂情願的動物，我們只能透過不斷的觀察，才能把自己縮得很小，駐紮在雞的瞳孔中。在飼養小雞的時期，我發現牠們冷的時候會擠在一起，熱的時候翅膀會微張、嘴喙會微開，因而知道牠們此時的體感，以判斷是否需加裝燈泡熱源。我也注意到牠們活動的時候會不小心排便在喝水器裡，於是把喝水器墊高成牠們脖子的高度，避免水源汙染造成生病。還有牠們不喜歡被抓的過程，但喜歡被抓起後安穩的環抱，放在掌心，用手指包覆身子與頭部，牠們就會安心入睡，我能感受牠小小的雞心正熱烈怦跳。

如同容易緊張的天寶，她天生恐懼於人與人之間的擁抱，但她同時又需要這份柔軟的擠壓，因此她為自己設計了一座木造擠壓器，每當感到慌亂時她便鑽進裡頭，便能逐漸鎮靜下來。其實不只小雞，成年的雞被抱在懷裡，如果四周都被緊密環繞，也同樣會鎮定。

如果一隻雞能在小的時候就與人類親近，長大後就比較不怕人，這樣往後每回換水、加飼料、清掃雞舍時，也能減少雞的緊張感，此外我也發現從小對雞說話，牠們對你的聲音是會有感應的。

天寶曾說過，這世界太多抽象化的思維，我們應該要掌握眼前真實的細節，從細節再去看見整體。而那樣的具體細節唯有透過從旁觀察，才能理解靜默的作物、語言不通的動物，牠們幽微的心思。

〈礁溪親家公〉

剩下的兩隻母雞，金雞母與雪寶，近來天天產蛋，並產生了就巢性，一整天除了吃飯之外就窩在巢裡孵蛋，我興起了讓牠們真正成為母親的想法，於是與朋友協議，讓他帶家裡的公雞來相親。

週日清早，親家公便翻山越嶺來作媒，騎著後方架有紅色嬰兒座墊的淑女腳踏車，把裝有公雞的紙箱綁繫其上，從礁溪送女婿來。親家公見了鬥雞媳婦，直說眼神好驚悚，像猛禽一樣銳利；親家母則覺得土雞女婿眼神迷濛，好像隨時準備要哭的樣子。

大囍之日，金雞母見了「小黑」，馬上怒張雞毛表示不歡迎，隨後就跑回蛋巢裡蹲，雪寶則與小黑產生若有似無的粉紅氣流，她主動幫小黑啄去鳥喙上沾到的米糠，小黑則對雪寶亦步亦趨，還跳起求偶舞——環繞雪寶橫著走路、單邊翅膀降下來，還不時啼叫展現雄風。

不過溫和的土雞遇到潑辣的鬥雞小姐，整體氣勢仍矮了一截，讓我不禁懷疑這位草食男真的能追到雪寶嗎。

想不到隔日清晨，雞舍就傳來陣陣慘叫，小黑的雞冠被啄到鮮血直流，蜷縮在角落發抖，我趕緊把恰北北的金雞母關進雞舍，區隔開來。後來請教了專家，原來增添新雞的時機應趁夜晚，主要是不要讓舊雞在光亮的白天清楚看見新雞從外面被放置進來的過程。再者，舊雞在夜間的防衛心較低，一方面也可以讓新雞經過一夜沉澱，慢慢適應新環境。

還有種方法是，在新雞放置前，就先把舊雞暫時移到別的地方，一個禮拜過後，新雞已在雞舍裡住一段時間了，本來的舊雞反而變成晚來後到的客人，原本的階級制度被打亂，公雞自然就能顯現雄風。

飼養大抵是一場與動物的心機攻防戰，從觀察、理解、思索，與雞在陰溝裡諜對諜，始終猜不透你的心。

由於公雞持續被家暴，牠們的婚姻在兩週後旋即宣告結束。不久後，賓哥正好將家裡土雞所生的蛋拿去電孵，五十顆雞蛋順利孵出三十六隻，分了十二隻剛出生的小雞給我，上個世紀的鬥雞時代已然告結。

先前在市場買的小雞多半是南部大型雞場孕育而來，雞場為防止生病都會預先打藥，並於一週齡以上才會在市場裡販售。而宜蘭在地像賓哥這樣的家庭養雞戶，為了減少母雞親孵後，小雞被莽撞的公雞踩到而夭折的機率，多半會將受精後的雞蛋拿去孵蛋店電孵三週，再領回家中飼養一個月，最後才放到戶外飼養。第一次接手剛孵出的小雞，雖然已跳過小雞在孵蛋店破殼、全身濕漉漉、雙眼尚未睜開的頭兩天，牠們仍比上回一週大的鬥雞身型小很多，其間有黑色、黃色、花臉、畫過眼線的，是早年台灣本地的土雞經過一代代與各類品種交配而來，混雜各種血統而籠統稱呼的土雞。

這些本地繁衍的小雞比我想像中更有活力、更健康，我觀察著牠們，心想這群沒有母族示範傳承的小雞，所有的行為大概都是演化基因所贈與的吧。牠們來訪的第一天像客人那般怯怯的，不太吃飼料，只是一直喝水；牠們注意到飼養箱上極其細微的凹點便發狂去啄它，就像我曾發現雞對於我的襯衫鈕扣或花褲子總會跳起來啄。第二天牠們之間開始有雞率先憶起雙腳扒土的動作，其他小雞見狀就開始跟進，倘若我將其中一隻放在桌面上，牠們會叫得洪亮，表示害怕，然後走向桌緣跳上我的手臂。第三天以後我開始設計各種遊戲，丟了毛球牠們會爭相去啄、手指頭左右晃牠們就愣愣地左右盯看，若把粗糠墊料在角落堆成小山丘，牠們會興奮地爬上最高點，再順著零落崩塌的粗糠慢慢滑下來。第四天後牠們短小毛絨的翅膀漸漸長出小羽毛，牠們開始彈跳短躍，想看看箱子的高牆後方是什麼樣的世界。

從遠古一路演化至今，埋藏在小雞身體裡的神秘基因所產生的種種行為，勾勒並對照出我對野地原雞的生活想像。讓牠們成為像草間彌生那般的點點控，或許是因為野外泥地上的小蟲就像是圓點，圓點是牠們以為的可能食物。放置在桌面上的小雞與原野上的小雞同樣具有空曠恐懼症，深怕成為空中巡弋的老鷹目標，所以牠走向我的手臂，如同走進母親的羽翼庇護。我同時也發現雞會害怕面狀的東西——我突然靠近小雞箱子的巨人身影、拎著大型麻布袋走向雞舍、稻農為了趕鳥在田埂豎立的旗面，這些或許都與老鷹展翅接近雛鳥時，予人撲天蓋地黑影籠罩的意象有關。至於粗糠堆起的小丘、振翅欲看見箱子牆後的行為，大概出自於牠們從來就不是貼近泥土伏地生活的動物，牠們是鳥，本就喜歡高處，牠們在戶外雞舍會自發性地跳上二樓就寢，就像野外原雞會樹棲，也像傍晚成排停棲在電線上的麻雀一樣。

第五天後，小雞的爪子變尖變長，幼細的絨毛從翅膀率先換成羽毛，再從尾巴開出一面羽扇，每隻雞的成長差異逐漸拉開，體型有大有小，牠們從相似的軟柔平等、無邊無角，漸漸開展出各式稜角，於是開始有雞會去逗弄他人、振翅找人比武，吃飼料前就非得先啄一下別隻雞的頭，再卡位吃食。像幼童在成長的過程發現自己有些不同了，就想伸伸手腳，向外界試探自身可能的能耐到哪裡。

耕作的領域有留種的概念，意即每次新買的空降種子，與土地無關，每回都要重新適應當地風土，倘若農人能替作物留下小孩，作為下次播種使用，他們的基因將會藏有母親適應過的種種記憶，藏有母親要教給他們的智慧。

類比飼養領域，人類選擇要殺哪隻雞、要留哪隻雞，如同將漫長的自然天擇被快速濃縮，三個月抑或半年就是一個世代，那雙人擇的手宛如神之手，讓我對人類參與演化的過程感到幾分毛骨悚然。

同一批母雞即使只有六隻，就已有明顯差異。名為老鷹的雞，飛行能力好，卻不太產蛋，若我不斷留下這樣特性的雞，是否幾個世代以後我所飼養的雞會逐漸靠攏為鳥的一員。而金雞母最常下蛋，就巢與護巢性都很高，牠所展露的一切，屬於雞的本性都很強。比方說，即便是在吃飼料，牠也習慣用雞爪扒鐵盒，如同野外原雞扒土找蟲來吃，牠還沒被馴化為接受飼料的真實，牠或許仍把飼料視為蟲的一種。反觀一樣已經在產蛋的雪寶，對於吃的興趣遠遠大於母性，飼料來了不管原先正在孵蛋，必定衝下來先飽餐一頓再說。

或許市面上蛋雞的品種，就是長久以來不斷替金雞母這樣的雞留種，但如果持續走向這份偏頗，過度干涉演化的過程，就會造成擁有極端特質的物種出現。比如蛋雞一年能產三百顆蛋，但因過於著重產蛋特質，蛋雞的抗病力遠比其他雞種弱，壽命也較短。美國也曾發生農場主人長期以來只保留單一特徵來繁殖，於是繁衍出不會跳求偶舞的公雞，導致母雞接收不到需要蹲下來接受交配的訊息，以至於造成農場內出現大量遍體鱗傷與死亡的母雞。

那樣偏離自然航道的生物，與其名之為一項品種，是否更近似於人造怪物。

〈困難的動物〉

從首批六隻鬥雞，到隔年十二隻土雞，我終於不再像新手媽媽那樣手足無措了。關於飼養，或許就是觀察，然後修正，再觀察再修正的過程。

上回鄰人提供的沙土養分貧乏，這回我到林間步道挖取山土，裡頭草籽與昆蟲豐富，將一坪大的野放空間重新鋪上，寄望土壤裡自然的微生物相能讓牠們更有抵抗力；而雞舍二樓的木板則換成鏤空的網片，讓雞屎直接掉落於撒了粗糠的泥地上，本著雞愛扒土的習性，讓雞屎與泥土自然混合，省去沖刷木板的功夫。

我同時也體會到，要去創造環境的差異供動物選擇。如同小雞時期，天冷時用來保溫的鎢絲燈泡要放置在紙箱某一側，如此一來怕冷的就自行靠近燈泡，覺得熱的也有空間能夠遠離熱源。搬遷戶外後，野放區域一部分要能曬到陽光，一部分要能遮蔭，形成不同選項的微氣候。而夜晚供做棲息的雞舍，若有兩側皆擋住風吹的區域，就要有另一邊完全通風的區域來對照；又或者，牠們喜歡在地上洗沙浴，也喜歡站在樹枝上，我於是用漂流木做了棲架，讓雞可以站立上頭整理羽毛，平時容易被欺負的雞也多了一處能迅速跳上去以避開同伴攻擊的地方。

有時我會覺得，雞大概是動物裡面屬一屬二難養的，絨毛時期的小雞怕低溫、怕淋濕、怕吹風，等稍微大一點想移到外頭，幼年的雞怕蛇、怕老鼠、怕貓，等到滿三個月終於上述這些動物已不構成威脅，卻還有野狗入侵雞舍的疑慮。除此之外，更遑論生菜上的線蟲卵與寄生蟲、看不見的各式壞菌。我常在養雞的網路社群頁面瞥見那些怵目驚心遭球菌感染而眼睛發腫，遭蚊子傳播雞痘而潰爛的雞隻各式生病照，也有半顆蛋卡在洩殖孔進退不得的母雞照片，這些問題想必難以一一仰賴動物醫院替你解決，飼主即是醫生，鄉里常去的雞飼料行就是簡易醫院與藥局。

再者，雞的體型會在短時間內由小變大，牠們身邊的所有物品也要跟著調整，同一個飼料盒，出生兩天的小雞就整隻鑽入裡頭，直接站在飼料上吃，我得纏繞鐵絲用以擋住。不消幾天，牠們夠大了，卻常因為洗沙浴的動作把粗糠踢進飼料盒，我得找磚塊來墊高盒子。接著沒兩週，塑膠箱桶已顯得擁擠，我只好到市區家電行要來大型紙箱替牠們換巢，而這一路飲水盆的高度也要因時調整。

小時候印象很深刻的電影《親愛的，我把孩子放大了》，一齣關於科學家爸爸意外把女兒放大的故事，兩歲的女娃因為被實驗中的放大電波照射到，只要接觸到電流，身體就會不停長大，最後還一路朝往美國最大的電力供應城拉斯維加斯走去，不僅整個城市人仰馬翻，哥哥所坐的汽車還被拿起來像玩具車那樣俯衝來去。我時常覺得一瞑大一吋的小雞就像是那位穿著紅色吊帶褲一臉純真的捲髮女孩，滿臉無害且無辜的模樣卻如同怪獸那般倍數成長，直到頭頂冒出冠、下巴長出兩片紅色領巾，爪子夠尖了，身軀夠胖了，怪獸才在到頂的天花板下善罷甘休。

〈雞爪森林〉

朋友的雞不喜歡睡在二樓棲架，就逕自窩在泥地上度過好幾夜，六月突如其來的午後雷雨將大地浸得濡濕，幾隻中雞因為沾染土壤水氣就這樣長眠而去，原本鮮麗的羽毛滾混著灰濛濛的泥水，與土地合而為一。

對於水的恐懼，所有關於雞的夢竟都是惡夢，我夢見圓胖胖的雞就這樣半身飄在海面上載浮載沉，我跳進海裡張開雙臂卻一一打撈不及；也夢見人工草皮上有蜿蜒的淺水渠道，牠們不聽使喚紛紛衝去玩水，夢裡我真的好生氣。

甫出生不久的小雞住在鋪了粗糠墊料的紙箱裡，自然席地而睡，滿月後移到外面雞舍，到了傍晚卻仍然群聚在泥地上挨著入睡，為了避免土中濕氣，夜裡我只好打起頭燈頂著被蚊子吸血吸到飽的狀態，將牠們一一捧上二樓。

連續幾晚，我才想到或許因為二樓網片當初是以成雞的高度打造，對一個月大的小雞而言太高了，於是增加一塊木板做為緩衝，牠們終於懂得跳上去睡了。

面對這樣一個神經敏感的動物，「漸進」成了飼養動物的關鍵字，就像要將飼料換成米，不能一次就全部換成米，非得一次偷渡一點，讓變動悄然消弭於無所覺察之中。雞一旦能每晚乖乖地自動歸巢，心就安了一大半。有時傍晚種菜回來到雞舍探看，已歸巢預備就寢的牠們會些微騷動一陣，瞪大眼睛挪了挪身軀，再蹲踞回原本的臥姿，我從網片底下仰望牠們細細的小腳小爪自網目溢出，密密麻麻的雞爪森林像漆黑洞穴裡突出的鐘乳石，感到靜謐安心。

〈馴化的白色〉

據説，野外的動物多為斑點雜色，要不就只有單一顏色，只有人類經常飼養的動物才會出現部分或全部白色的皮毛。因而在家畜家禽之中，純白色的個體通常經過較多世代選種而來，受到馴化的程度較高，也較為親人。

我所飼養的這十二隻土雞花色各異，除了一對彷如是雙胞胎必須要並列比對大小才能辨別，其餘我已能辨識出差異並且簡單命名。小白是唯一純白色的雞，有著黑色的腳，仍住在室內紙箱的時候，牠是第一隻會鑽出紙箱方形通風口往外探看的小雞，也是其中最喜歡這麼做的一隻，常常就把頭掛在那盯著地上的螞蟻發愣，偶爾讓我摸摸牠的下顎。

搬移到外面雞舍後，每當我蹲下來，幾隻特別黏人的小雞就紛紛跳到我的手肘上（想是手肘像樹枝的緣故，牠們或許覺得自己在樹棲），此時我總會起身揮動手臂讓牠們紛紛落下，但小白一定不放棄，就轉而繞到我的背面，雙腳一蹬跳到我的肩背，本來以為雞腳該是涼的，彼時我才確切知道雞的雙腳是溫熱的，幾克重量透過溫熱爪印在我的背頸微微陷落，猛一轉頭就是牠一副理所當然有何不可的大臉，安穩地就背蹲棲。

我承認那有點甜，就一副雖然無奈其實心裡樂得要命，如果內心有旁白大概是：「你這纏人的小傢伙，我真拿你沒辦法耶」。但因為擔心牠會突然在我背上便便的緣故，我還是放低一邊肩膀讓牠斜斜滑下去，只是意志堅決的小白依舊沒有放棄，近期還發明了新的撒嬌方式，那就是當我一如過往蹲著看雞，牠就從正面大大方方走向我兩腿之間，雙腳踏上雨鞋像踩了一格階梯，然後伸長脖子把頭靠在我的大腿內側，懶洋洋睡了起來。

一時之間錯愕無言，甜蜜到爆炸，夏季的夢裡都是雞。

〈妳的眼瞼〉

冷天她蜷縮脖子，在柵門旁站著睡覺，一秒入睡一秒醒來，眼瞼從下方往上闔起來。鳥類的眼瞼到底為什麼是由下往上閉合，人們想睡時，眼皮不就順著地心引力一起往下墜，鳥類為什麼非得抵抗地心引力的強大誘惑反其道而行。然而這麼想著的時候答案卻呼之欲出，那些生活在野外的原雞為了躲避天敵，那麼即便幾秒鐘就是睡眠，倘若張眼的動作有地心引力一起往下拉，哪怕是快個千分之一秒都有可能拯救自己的性命，所以闔眼要用力一點，張眼則要省力一些。那道理或許也像蝙蝠在洞穴裡倒掛著棲息，一樣是抵抗地心引力的同路人，一旦遇到天敵來襲，只要雙腳一放，便是飛翔。

〈動物的告別〉

雞是一種對於「吃」極度熱切的動物。每回把蒸好的碎米飯拌些米糠，熱騰騰地端到雞舍，牠們就像饑渴的喪屍蜂擁而至撲向我腳邊，還沒彎下腰就迫不及待飛到我手裡的碗盆。而雞又是出了名的懼怕黑暗，但夜裡小公雞為了吃，只要我打起頭燈，牠就會跳下原本鼾聲熟睡的雞舍，循著光，沿路吃食只有夜晚出沒的蟑螂，喀滋喀滋好美味，什麼黑夜的恐怖早已拋諸腦後，甚至與我養成絕佳默契，一路沿著黑漆漆的鄉間柏油路，我用頭燈打光示意「蟲蟲在這裡啊」，牠就迅速衝去大快朵頤，我們成為人雞一體的抓蟑拍檔。

但有段時間，早晨我照例捧著米糠飯，一隻溫良的母雞「小麻花」，吃沒兩口，就悻悻然走向蹲著看雞的我，喉部發出細柔的撒嬌聲，起初我覺得好可愛，但兩三天過後，開始覺得不對勁，雙手把牠捧起，竟像保麗龍一樣輕，不對，雞是不可能對食物不感興趣的，而後牠就自行窩在雞舍最角落，一處從來沒有雞會待的陰暗死角，也不太來找我了。

我知道牠生病了，想起牠連日來找我，究竟要向我傳達什麼。印象中野狗如果生病，會自己到野地找尋適合的野草來為自己治病，我於是拎著小麻花到菜園，只見牠意興闌珊吃了幾口碎蝸牛殼，就在菜畦上無精打采窩著休息，我拿起鋤頭在一旁翻土掘蟲，找到了雞最愛吃的蚯蚓，像進貢一樣捧到牠面前，牠啄幾口便沒興致，我又再找到了一條蜈蚣，這回牠起身，不一會就整條吃光。

剛好隨後幾天有事回台北，一日與母親聊到，母親說她工作地方飼養的狗，在生病時就自行消失了，有經驗的同事隔日取了一只布袋，到鄰近收屍。原來動物並不想讓主人見到自己病死的過程，所以會跑得遠遠的，獨自死去。

我聽著聽著，眼淚撲簌簌掉下來，因為一直以來，我明白自己對雞的情感大抵都是一廂情願，可是我想起小麻花來找我時的眼神，是特地來向我告別嗎？獨自在角落，是想孤獨離去嗎？我所感傷的是牠對我情感上的回應。

本要多待一日，卻提早向母親道別，跳上客運，在雪隧的車廂裡一路哭回宜蘭。母親不解我將來是要殺雞來吃的，那麼假使雞現在死去，與未來死去又有何差別，又或者我現在努力將牠救活，然後再有一天送牠去死嗎。

濫情的眼淚雖都準備好了，抵達家門卻見到小麻花康復了、會吃東西了，想是那隻蜈蚣以毒攻毒吧。此時我想起家住壯圍的農友J，一日傳訊來說自己飼養的雞群一夕之間被野狗吃光，我知道他哭了，他曾經帶著腳受傷的公雞去診所復健，那小小的雞腳讓醫生轉啊轉的，喬了喬位置。雖然人們飼養的雞終將難逃日後的一刀斃命，可是在那之前，在牠們尚未被貼上食物的標籤以前，在飼主的眼裡牠們就是一場溫熱鮮活的生命。

〈禽人節快樂〉

遠在恆春的W長年養貓，她不懂為什麼我愛雞卻能吃雞，一面說愛，一面又送雞去死。其實不只她，身邊的人也不明白，我甚至在每回被質疑「妳怎麼吃得下去啊，如果是我一定捨不得吃。」的當下，覺得不被理解、被誤解，好像我是呲牙裂嘴的殺人魔，滿手血腥，大口啃著自己曾經說愛的那些。

某個深夜與W的一問一答，好像釐清了一些事。W：「知道將來總有一天會吃牠們，為什麼還要取名字？」其實我沒有特別去想要不要取名，就是你每天這樣看著看著，突然發現十二隻雞你都能看出差異，誰的眼睛瞳孔特別黑、誰的雞冠顏色最深、誰的腳上有毛。在我心中既然已經辨識出差異，那麼命名只是有無說出口而已，就像眼前走來三個人，你知道一個瘦高、一個矮胖、一個金髮，有沒有替他們取綽號並無差別吧。

「那不能一直養下去當成寵物嗎？」雞是雜食動物，不能單吃雜草就足夠，放風讓牠們自己去掘土挖蟲只能補充一部分蛋白質來源，而我們兩人生活的廚餘並不多，我沒有源源不絕的碎米與米糠來長久供應。

「那既然明白了終將要吃掉牠們，為何還要投注情感，豈不是自找苦吃？」

最初養雞就是決定要殺來吃的，那是一開始就決定的事情了，只是養了以後，或說養任何動物，你就會想要觀察、覺察牠們的需要，進而採取些行動讓牠們活得更舒適。然後關心久了就會慢慢變成愛的一種啊。「那不能愛一點就好，不要愛那麼多嗎？」可是……愛就是愛了，要怎麼控制只愛一點！

嗯，「愛就是愛了，沒有愛一點這回事。」——雞奴李維留。

祝你禽人節快樂。

〈如何料理你的愛人〉

還與父母同住的時候，我會充當母親廚房內的小助手，但就是幫忙洗洗菜、切切蒜頭這類的雞毛瑣事。幾回從旁看她拿起菜刀用力剁著生豬肉，隨著砧板上發出咚、咚、咚的切剁聲，不一會我在餐桌上看著那鍋排骨湯，內心仍殘留幾分疙瘩。

生肉的味道。我幾乎無法站在市場肉攤前，昏紅色的燈光下，掛勾上一串串豬的各個區塊，然後俐落地告訴店家我要什麼部位幾斤幾百元。我覺得老闆在大力剁肉的時候會有不甚明確的生肉屑飛噴到我的衣服上，那些肉眼不見，卻像成千上萬的細菌爬滿全身。

津津有味吃著餐桌上料理好的肉，卻不敢獨自站在第一線去買肉、料理肉，我可能假寐地跳過了些許環節，也因此我所掌廚的晚餐，就是蔬菜、蛋料理，頂多煎魚或海鮮。這一切直到養雞以後，我不得不在每回帶雞去殺，隨後拎回整隻赤裸裸的雞身回來，從旁協助ＴＮ將全雞肢解分剁、分裝入袋之際，血淋淋地逼視自己所要食用的生肉。

而我是在「小胖嘟嘟」送去殺了之後，才在幾乎沒有覺察的意識下，開始與料理生肉這件事做了正面的對決。在第二批土雞三日齡的時候，我便注意到小胖嘟嘟，牠的身形圓胖、雞爪特別粗，眼睛圓不溜丟，瞳孔則是濃厚的黑，像卡通人物一樣。隨著時間一天天過去，小胖嘟嘟長出了雞冠，展現出光亮的羽毛，牠原來是隻公雞。而所有養雞的人都知道，公雞是不能久留的，牠們消耗飼料快，好動、愛打架、喜歡高聲啼叫，況且不會生蛋。可偏偏我的愛人是隻公雞，愛到卡慘死。

必須承認人類是有偏好的動物，因著這份偏袒，我會抱牠去菜園找蟲吃、會在夜間帶牠出來獵蟑螂，甚至一直以來，我都覺得小胖嘟嘟脖子側邊連接到翅膀之間，那公雞滑順的肩膀弧度，與TN脖肩的弧度與肉質很相似，我常常在一頭埋入TN脖子的時候，腦海會浮現小胖嘟嘟。朋友說那是奇異的動物情欲，隱晦神秘，幾分荒誕。

滿六個月的熟齡大限已屆，幾番延宕，小胖嘟嘟終於還是在某日清晨送到處理雞的婦人手中。我思念牠，可明白這是必要之惡，我決心要好好料理牠，牠的每個部位。

打開水龍頭，在流出的清水下我洗淨雞胗、雞肝、雞心與縱向剪開的雞腸，將多餘的油脂去除，下水汆燙，其中肝臟肥厚，需燙得久一些。用勺子撈起後，我逐一切片，丟入熱好麻油與薑絲爆香的炒鍋中，煎至焦香，最後灑上鹽粒、澆淋米酒，上桌，與方才汆燙後的下水湯組成一餐。另次，也將雞胸肉切塊，以醬油、糖、酒浸漬一時，再裹上薄粉入鍋油煎。再將雞翅、雞腿加入醬料，還有門前栽植的迷迭香，醃漬一夜，入箱烘烤。還有週邊的雞頭、雞屁股、雞爪、脖子與雞骨，加入近日採收的刈菜與薑熬成雞湯，為冬日去寒。原以為各個部位都已悉心用盡，一回農友來訪，提醒了下回可先以鍋盆裝盛米粒，請處理雞的阿姨把雞血放入鍋盆裡，將來拿去蒸，就是雞米血了。

全心全意善用雞的全部，是對已逝去生命最高的敬意。一位曾經跟著部落族人上山打獵，因為親眼見到宰殺山羊的過程而茹素了半年的朋友，後來在想法上有些許轉變。他認為與其在飲食上採取極端的道德潔癖，是否更應該去直視動物生存以至於死亡的過程，或許才是取得肉食最誠實的方式。

嗯，雖然至今我仍無法坦然面對所飼養動物的生死問題，可是與其撇過頭選擇什麼都不去看見，我想盡可能站在第一線，去看見、去碰觸自己所食用的肉類來源。

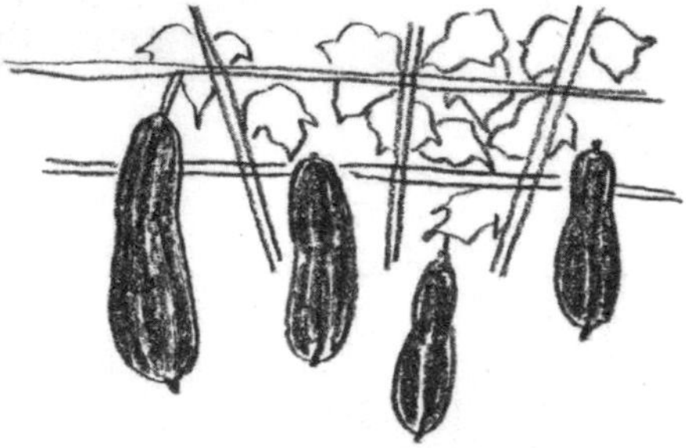

chapter 3

河邊菜園

楔子

種菜是還住在都市郊區的時候，就在家附近小規模實踐的心願，也是當初決定搬遷到鄉下的主要理由。是啊，好想種菜啊！幾年前我明白了，所謂「想望」這種事情，大概是一開口便無力蓋回去的東西吧。人一旦對於某件事產生了想望，往後的人生只要遇到機會，就會趁縫鑽去做了。

順利搬到宜蘭農村後，前後在村裡換了幾座菜園，有晴天時土壤硬梆梆、雨後黏答答的黏土菜園，也耕作過滿布大小石礫、總是留不住雨水的石頭菜園，爾後才遇到一座傍著小河的砂質壤土菜園，土質鬆軟、灌溉方便，通風且開闊。

小小的河邊菜園，春作與秋作年年循環，每一季我都貪心地把當季適合栽植的作物統統種下去，於是小小的園子擠滿了三十幾種農作，有像樹木一樣矗立的、灌木的、草本的、蔓爬的，以及藏在土裡悶不吭聲的塊根與塊莖，它們共同居住於此，層層疊疊錯落有致。而之所以非得這麼貪心，是因為耕作與其他事物最不同的地方是，當你想繪畫、想做木工，大可以騰出完整的時間來練習。可是耕作，即便一位有二十年耕作經驗的農夫，也頂多種過茄子二十次、高麗菜二十次、稻米數十次，再怎麼樣，我可不想錯過一年之中與它們打交道的唯一機會。

於是耕作這件事是這樣被時節牢牢牽制著、被節氣緊緊追殺在後，加上每日又只有晨昏時刻適宜勞動，於是耕作者不得不張開五感，仔細去體察天候自然與萬物時序，也不得不在有限的實作練習之中學得謙卑。

〈巴掌大的田〉

搬到鄉下之前，我住在城市的邊陲，寫書之外，平日也接一些相當零碎的案件維生，替刊物採訪撰文，或與雜誌合作畫插圖，在三不五時要切換心智及腦袋的工作節奏裡，耕作成為通往並維繫大自然母親的一條臍帶。每一天在固定時段前往菜園，成為生活的必需，即便那塊菜園相當迷你，迷你到每回我手持小鋤頭蹲在那裡翻土，總有鄰人圍在一旁，發自內心覺得神奇，一邊嘀咕著說：「好像在扮家家酒。」是啊，如同孩子生硬壟出來的一方天地，那時甚至對於耕作一無所知，便種下了所有認知裡最貧賤的作物，還向家人誇口之後上市場別買太多菜，很快這片菜園就要收成了。

當然最後除了苦得要命的地瓜葉與纖維老化的九層塔，我並沒有如期收成，但那卻是我人生中珍貴的第一塊菜園，當時碰巧在雜誌讀到一首與自身對應的詩，貼合著彼時的生活與心境：

「我作過形形色色的勞動，實際上是個菜鳥農夫，耕種著巴掌大的田地；可是我能讀能寫，換上唯一的好衣服就躋身紳士之列。我就是這種半調子的人。但是如果有人問我：那麼，哪一種人比較美？我會毫不猶豫地回答說：勞動。」

——楊逵〈勞動禮讚〉

耕作的日子如詩人所言，勞動很美，汗水是甜的。

可以的話想年年如此種到老去。

〈假想敵〉

真正務農以後才明白，關於種田這件事，最大的敵人就是雜草，那些鮮鮮綠綠看來無害又謙卑的小草。鬆土的過程中，剷除白色的草根成為不得不為之惡，但因著它們旺盛的生命力，是無論如何也斬除不完，因此作物播種、移植種苗後，每週仍要下田除草。

老人說春雨滋養大地，是種田的好時機，往後還有秋冬，等到冷天來臨後就有許多葉菜可種植了。

土裡冒出各式各樣的蟲，蚯蚓、蜈蚣、蠕動的白色的蟲，以及很細小的螞蟻與牠們的白卵，當鋤頭砍向泥土的瞬間，牠們設計精良的地底世界也頓時成為縱向的透視圖。牠們是好人嗎，噢不，牠們也是敵人吧，向泥土要走了養分，作物所能得到的就減損了一些，但無所謂，我種的都是最賤的作物，應能無欲無求。

我只想種最容易生長的作物，地瓜葉、空心菜、青蔥、香蕉、九層塔，讓雨季替它們澆水、讓陽光滋養拉拔，摒棄農藥、肥料、除草劑，我所能做的僅是以雙手除去雜草，並將葉菜已乾枯的黃葉摘除，以免成為母株的負累，不與那些健康的還能行光合作用的兄弟葉片瓜分母親贈與的營養。

如同靜默的樹一樣，作物總有自己生存下去的心機，它們會憶起遠古尚未被馴化前躍躍鼓動著的野性，向大地索得，然後活著。

〈早點名〉

清晨五點醒來，想起昨日艷陽高照，便起身到園裡替作物澆水。早晨的蚊子並不比黃昏來得少，五點蚊子太多，八點陽光太烈，歸納理想時刻是六點到七點多，陽光稍稍露臉，給你一點點熱一點點汗，還能把蚊子蒸開。

地瓜葉被吃得坑坑疤疤，如雕刻鑲嵌的洞，一旁的蝸牛是罪魁禍首，緩緩擺動牠悠哉的觸角，若無其事貌。

單枝扦插的空心菜冒出側芽，自土裡蹦出，奠定一把青菜的雛形。假使從市場買來一把由十根空心菜組成的青菜，一個月後會變成十把由十根空心菜組成的青菜，再一個月就會變成一百把青菜。土地像是聚寶盆，複製再貼上，ctrl+C 後 ctrl+V，源源不絕。

紅蘿蔔宣告死亡，在冰箱裡發芽的紅蘿蔔頭不適應野性泥土，爛成一團紅色泥膏。

原先把香蕉栽植在田中央，想想等它長高後，那一扇扇香蕉葉豈不把青菜的陽光都遮住了，不妙，趕緊發配邊疆。另開墾了一塊香草區，想種清單：紅骨九層塔、薄荷、迷迭香。朋友說日本農夫會一株九層塔、一株番茄、再一株九層塔這樣交替間隔著種，因為九層塔能驅蟲，幫自己、也幫別人。

指甲縫的泥巴、手掌與指腹上的水泡、拔草時的割傷、大腿後側的痠痛，務農所給的不僅止於收成本身，而是務實感，痠痠累累卻仍然欣喜滿足的踏實感。

〈水泥盒子〉

來到盛夏，空心菜逐漸以極細的葉貌呈現，地瓜葉的味道日益趨苦，隨著艷陽連日曝曬，土壤表面像水泥塊一樣方正平坦。

開墾至今四個多月了，或許土地想休息，想停止被索取，換以難吃的菜向妳揭示。我將菜葉全部採收，連同初發的嫩芽也一併剪下，重新拾起鋤頭將土地翻擾，水泥盒子堅硬無比，裡頭沒有螞蟻建築的地下城市、沒有蚯蚓，且因為日常勤於拔草，當然也沒有菜根以外的雜項，它成為一塊了無生機的人造之地。

我想起一個季節以前，彼時視為理所當然的生機盎然——土壤深層的濕漉之氣，昆蟲安居的所在，自然生長的含羞草、昭和草、禾本科植物，它們都因我的整肅與清算一一離去了吧，我終於體會「貧瘠」一詞何所謂，竟在我眼前如此具體展演。

鬆軟是土地最好的面貌，而雜草無所不在的根系如同打蛋器一樣在地底下作業著，還能順帶涵養雨水，鋤草或許並非是必要之惡。

我將打碎的水泥地攪進一些果皮，然後蒐集乾枯雜草覆蓋其上，巴掌大的田遠看恍如一席墳，正安眠著，等待復甦復活。

〈南瓜〇〇公主〉

昨晚跟兩個在嘉義大學修園藝的女生吃飯，在一間養了三隻貓咪，整個晚上只有三組客人的咖啡店裡。談話末了我抓緊機會問道：「我的南瓜花每次去看都是花苞狀態，是要等到雄雌花同時開花，才做人工授粉嗎？」朋友問：「妳都哪時去菜園？」我答：「下午。」於是兩人交頭接耳，嘰嘰喳喳你一言我一句，回過頭來總結說道：「南瓜大約在早晨七點到十點開花，每朵花就開這麼一次，然後便凋謝了，其他像蒲瓜則是傍晚才開花。」面對這般離奇與浪漫，我不可抑制地在咖啡店裡大驚小怪，怎麼會有這種事@%^#$，怎麼可能！但無視於我的驚訝，女孩仍非常冷靜地吐出：「嗯，我也是有朋友六點五十分就到田裡去等，妳也可以這樣。」

幾年前在都蘭糖廠聽歌，認識了一位名叫「哈外」的卑南族人，他的朋友在一旁開玩笑說：「妳別看他晚上在這裡唱歌，他白天的職業是釋迦打炮王子唷～」我心想這大概是什麼原住民式的笑話，但原來他這樣形容釋迦農再貼切不過了，釋迦農得在清早的某個時段，拿著毛筆去沾雄花花粉，然後在雌花柱頭公平地畫一圈，畫得越是公允，未來長出來的釋迦就越圓、越端正。

今天清早我是南瓜〇〇公主，幫南瓜們開房間。祝你們永浴愛河。

〈自然組女生〉

我想談一談關於自然組的女生。我覺得文組女生對於自身的魅力，好的美的那些，是相當有自覺的，並不是說多麼自戀，但就是能夠自己意識到，而自然組女生可愛的地方卻在於對自身魅力的無所察覺。第一次發現這件事，是幾年前在台中科博館那座透明的大花室裡採訪一名導覽員，她穿著透膚襯衫，專注在介紹植物的時候，我忽然恍神了，覺得她專注講植物的樣子極有魅力，是自然組專屬的理性美，而且她的魅力在於，她永遠不知道自己認真的樣子有多具光芒。

但她們就是永遠會像個孩子一樣，談起砍下來的頭顱得要煮沸才不會腐壞、電影《秘密客》裡蟑螂的公本母本與失控的迅速演變、植物的賀爾蒙與生長機制、漆黑泥穴裡泥壺蜂如何癱瘓獵物以在死前為子代留下新鮮生肉，還有蛾類翅膀演化出如貓頭鷹那般炯炯有神且嚇人的眼紋，以及其他神祕離奇的昆蟲擬態冷知識……是的，我很愛聽，且永遠都超級愛聽！

〈菜園游擊戰〉

「土地，從來不屬於
你，不屬於我，不屬於
任何人，只是暫時借用
供養生命所需

一坵田，八百代主人
歷代祖先，守護土地
再交付下一代
看顧，即使擁有

也只是億萬年生命史
匆匆一瞬」

——吳晟〈土地從來不屬於〉節錄

還住在都市郊山的時候，社區附近有塊閒置已久的荒地，隔著巷道緊鄰一排住戶，一些住戶於其上栽植幾株景觀作物，也有人小範圍種菜。我觀察了一陣子，便著手在那開墾了一小塊地。在我種植以後，三不五時有社區警衛前來嚇阻：「這裡之後要做綠美化，不能種菜唷！」我指著一旁鄰人也在那種菜，警衛卻說，這片土地是「半私有」，他們是道路旁的住戶沒關係。這一切的一切在我聽來都十分可疑，以及，去你的美化。

我想起吳晟的詩、想起社會對待他人的不同規格，但也幾分心虛想起自己可能站不住腳。那時候對他口中的「美化」二字極其生氣，是否只有修剪成方形圓形的景觀植物才能名之為美，為什麼在土地上生產食物會變得這般困難，所謂的土地權到底誰能擁有。

後來搬遷宜蘭，我看見當地人是如何惜地惜土。在住家門前矮牆與水渠之間，那可能僅僅一米寬的狹長區域，他們種菜。那塊被兩條小巷夾出來的三角畸零地，他們也種菜。那道讓插秧機或收割機下至田裡的土坡斜面，在宜蘭下半年水田休耕之際，村人同樣在坡面上栽種了秋季作物。農作在這裡無所不在，一片片敷上了大地，養活了眾生。

在香港作家陳曉蕾的《有米》裡，提到了在國外蔚為風潮的「游擊園圃」，最早是在歐洲有一群吉普賽人偷偷在路邊種馬鈴薯，後來人們也把向日葵種子撒在荒地坑渠、把薰衣草種在垃圾場外，他們公然挑戰土地的使用權，像快閃族、像塗鴉客，他們是法外之徒，他們的行動就是理念。

如果哪天終於有能力買下了土地，那份透過購買而產生的擁有感，是否就從此快樂了？抑或是另一個切切實實使用著土地的人，就已經很快樂了？

〈作物感知〉

結束了台北生活，正式搬遷來宜蘭，在這裡取得土地變得相對容易，耕作的氣氛更是瀰漫街坊，家家戶戶都會種菜、在路上相遇也都在聊菜。在地也有許多農業課程，我開始廣泛閱讀農耕知識，並於日常身體力行，種菜不再是昔日的家家酒。

一次在學習種稻的課堂上，提倡自然農法的詹武龍向我們丟了三個問題：「你覺得植物知不知道你的存在？」「知不知道你在照顧他？」「他感不感應得到你？」簡單幾個問題揭示了自然農法對於作物生命力的看重，使我明明肉身坐在課堂裡，卻彷彿活活生生倒退了三步，被逼至牆角哭了出來。

那時候腦海中被逼出了一個意象，我的作物就隻身佇立在那座青山環繞的菜園裡，望向四周那片將要開滿桐花的山巒，它眼神些微朝向我來時的方向，它知道那個女孩又騎著摩托車，滿心期待來看它們有沒有長大，那張大臉每次都逼近它，仔細端詳新葉長出來了沒，它們每次也只好假裝不動也沒有眨眼。

我雖不喜歡人類將自然萬物過度夢幻化、擬人化，但我的確相信作物是擁有感知的，如同植物被昆蟲啃咬，會發出特殊化學物質來警告同伴，激活並促使它的同伴提早產生令昆蟲厭惡的氣味，以驅趕昆蟲。因此我也選擇去相信，像我這樣一個日日來探望它們的大型生物，是足以使作物用自己的方式去理解我的存在吧。

第一次聽課像看影展一樣，被釘在戲院座椅如大地震動。

〈留種的事業〉

「替作物留下種子的過程，就像在對作物說：『放心吧！我會好好照顧你的小孩。』」

——詹武龍

讓作物開花結果，讓子代保有上一代對於當地風土的記憶，延綿而生，是自然農法的核心理念之一。然而實際留種的過程是這樣的：為了留下種子，整株的養分都留給了掛在植株上不斷膨大、老化的果實，影響了當季部分收成，然後終於留下了種子，下一期還得先從種子開始育苗，此時此刻隔壁鄰人早已到市場買了小苗，若再施加一些化肥，不到半個月葉菜就準備能收成了；而自己培育的小苗卻是苦追在後，逕自在幼苗期孤獨且漫長地熬守著。

七代，若能為作物綿延了七代子嗣，你所選擇的品種性狀就能趨於穩定，他們會一代代較自己的祖先更適應這方鄉土。那是一場遙遠以後才能兌現的承諾。

除了替作物留種，不施肥、不因施肥而去影響土壤自然形成的氮循環，也是自然農法重要的觀念。然而菜園是這樣一個暴露在外的地方，人人經過看見你的作物生長緩慢、身型瘦小，你會不斷地被建議應該要施肥，然後再不斷地為自己為何不施肥而背書。

有時覺得農法像是一份信仰，有人將追求產量奉為圭臬，有人將自然視作唯一依歸，人們站在眾多價值選項的前面，被什麼打動了，於是撿拾起來。那比較類似於一種「選擇」，而非勢在必行的「堅持」，比如以施肥來說，在種植的第一年所有作物我皆不施肥，如此我才能看見它們尚未被肥料遮掩住的實際情況，爾後我知道了哪些作物不施肥也能生長良好；又或者青花菜、高麗菜不施肥就僅有乒乓球或棒球大小，我再於隔年酌量施用有機肥。我雖明白在自然農法裡留種與不施肥需要相輔相成，但現況我希望有所收成，於是選擇一面留種，一面在施肥這件事情上有所妥協。

因為自家採種的關係，在農曆年後準備春耕的時節，菜園仍保留了上一季秋作正因春暖而花開的各種作物——沖繩黃蘿蔔展開大型蕈菇狀的白色球型花、茼蒿綻放一朵朵鵝黃包覆著鮮黃的蛋黃漸層、白蘿蔔潔白的花瓣上流淌紫色的脈絡，我看見了許多作物原本在顯現之前就被吃掉的面貌，菜園於此時更像是一座花園，各色繽紛賞心悅目。

〈模擬春天〉

參加了郭華仁教授在台大舉辦的農民保種課程，在場認識了來自台灣各地的農民，他們各有本領，是道道地地貨真價實的農夫。S在嘉義鹿草耕作，累積了許多老一輩人耕種與飼養方面的知識經驗。有一回我的母雞鎮日只知孵蛋，不吃飯也不喝水，令我擔憂，S便分享了要將固著於孵蛋行為的母雞抓頭浸水，如此便能讓執迷不悟的母雞清醒。姑且不論道德與否，那些來自於農村代代相傳，農人與家禽家畜之間長久而來的對應觀看，進而形塑出人與動物暗自伏流的親密關係、神祕的共演化，都使得這些土法聽來總瀰漫幾分奇異感。

春作放暖的三月中，萬物復甦，我將前期置放在冰箱保存的種子取出，先泡水後再播種至苗盆，但不知是否因為氣候還未完全回暖，許多種子靜置在苗盆一星期後仍不動聲色。此時S向我提及了「模擬春天」的概念，能讓同一批種子整齊一致地發芽。

他建議我將泡水數小時的種子，再次回到冰箱一天，理由是種子在泡水後，就好比春天造訪時會先下春雨，等雨後種子吸飽了水分，還不代表種子們就會很整齊發芽，因為它們還不是很確定寒冷的冬天是否真的結束了，如果此時再把種子放回冰箱，然後再讓它出來外面吸收到溫暖的溫度，它們便會一致地確定暖和的春天已經到來，大家就不約而同一起發芽了。

我驚嘆於在冰箱、水槽往來之間，農人已巧扮了上帝，並以雙手創造出季節時序。他們以冰箱模擬了寒冬，讓種子在漫漫冬日封藏能量，再將種子泡水模擬了滋養大地的春雨，最後以冰箱與實際環境溫度之間的反差，模擬了暖和的春天。

這之中令自己感動的是，在這樣一粒渺小靜默的種子面前，農人費盡一切心思與之諜對諜，採以相當認真的態度把植物視為有生命的事物來進退應對，這裡頭既微小又巨大的流動令人動容，就如同人們虔誠信仰天神的姿態，這之中發光發熱的不一定是神明，反倒一直都是人的虔敬之心。

〈充實為胖子〉

肥料的誘惑大，稍微施加作物很快地就能充實成胖子，什麼作物只要停滯生長或者衰敗，路過的旁人只要一句：「啊，缺肥！」彷彿就是一位懂得植物且經驗老道的人了。但當你看見鄰人在秋冬也種茄子也種蒲瓜，這種分明熱愛夏季高溫的蔬果，就能明白了當然在任何時間都能種植任何作物，因為肥料能撐起蔬果的樣貌，讓它們成為外型是茄子的任何東西。

「缺肥」成為作物種不好之際最容易歸結的因素，卻一手遮蔽了事物的真實。我的南瓜一直種不好，去年十月失敗，今年二月再失敗，倘若是土壤太黏，已攪進許多粗糠到土裡，甚至動搖了或許南瓜真的是極需肥的作物，該要為它破戒。

而在播種季節、土壤特性、肥分種種可能原因之中，我卻忽略了品種，東昇與栗子南瓜都是對環境很敏感的作物，於是宜蘭那乍暖還寒的初春，這樣細膩的它們勢必敏感得都快發瘋了吧，也難怪農曆年後移植的那批南瓜，就在反覆無常的氣候與黃守瓜毫不節制的襲擊下奄奄一息了。

三月中移植了先前留種的車輪南瓜，據說與中國南瓜一樣是對環境相對不敏感的品種，但願車輪的粗獷不會計較總是曖昧的早春。

〈菜的變形記〉

種菜以後好像就自然而然知道什麼季節會產什麼菜，就不太會在夏季去市場選蘿蔔或芹菜，或在冬季採買秋葵與小黃瓜。然後因為作物的科別支撐起對於蔬果家族的認知建構，才驚覺許多顏色外型各異的它們其實本一家，它們像得要命，卻只因為演化長河上一時興起變了形，成為今日街上互不相識的路人。

這麼說來，以茄科家族的譜系來看，辣椒就是變瘦且身材乾癟的小番茄，反之小番茄就是豐腴多汁又比較發福的辣椒；茄子是紅色的番茄辣椒變身為紫色大個頭的長兄；糯米椒是辣椒那鮮少轉紅的倔強二哥；青椒則是再吃胖點的糯米椒他大哥。

隔壁村的豆科家族在分歧的路上也不遑多讓，四季豆從來就是他方纖細得寵的嬌嬌女，雙胞胎粉豆則是她那比較扁比較不脆可是很堅強的醜豆妹妹，長長的豇豆是她倆高挑熱情穿牛仔短褲的大姊（酷愛夏天）；翼豆就是她們家族旁系那喜歡原野流浪的四角表姊。除此之外當然還有矮不隆咚的大豆親族——稚嫩的毛豆小妹、勞碌一生的黃豆姊、苦命的黑豆哥，還有冶艷紅豆姊、精實的綠豆阿弟，這些都是攀爬在竹棚頂端睥睨一切的敏豆豇豆家族所不屑一顧且永不相認的窮酸遠親。

〈尤物〉

你的聲音，
像秋葵黏黏的，
用聽的最性感，
用寫的最可惜。

〈白蘿蔔〉

許多看不見的根莖悶在土裡不說話，
漫漫冬日無聲滾沸，熬你的耐性。

〈十四隻老鼠〉

十四隻老鼠的老么早晨才穿起睡褲，兩眼惺忪爬下床，本來要跟媽媽再去吃地瓜的，卻突然被巨人的鋤頭一砍，山洞崩裂，地道見了光。

十二月底的晴朗週六，採地瓜時一隻小田鼠突然從泥地竄逃出來，TN把牠撿起來，盯著牠的同時一邊明確跟我說：「牠在哭。」我豎起耳朵皺起眉頭大聲問：「什麼？」他再次用肯定的語氣：「老鼠在哭。」（WTF）

不知道是不是日光反射的關係，牠的眼眶好像真的有淚水打轉，雙手像在哀求也像在禱告，然後牠實在像極了小時候最愛的繪本《十四隻老鼠》的老么，那些印烙在童年記憶底處，會在樹洞裡揉麵包、會外出渡河採莓果的那支老鼠家族。爾後再有更大的田鼠衝出來，以及發現更多被啃食到一半的地瓜，或者看見被挖開的菜畦中明確有一條橫向的地道，我都稍微能用一點點同鼠心來看待了。

〈雨的可能〉

位於鄰村的黏土菜園，開墾時若是連續晴天，土塊就會變得堅硬，若遇上連日來的綿綿細雨，土糰則變得比較黏，兩者開墾下來皆很費力。況且，黏性土質在仍然濕潤的狀態時開墾，等於是用鋤頭在玩黏土，施加壓力把土糰用力黏在一起，將來菜畦只會變得更硬，因此黏性土壤最忌在連續雨日後翻耕，我於是只在連續晴朗的日子，在土壤乾燥的狀態時墾地。

某一回恰巧在連續晴日後，準備去墾地的前一晚下了場雨，翻耕時發現土壤是鬆的，不會太硬也不會過黏，我欣喜找到了開墾的最佳時機，爾後與S分享，他說在晴朗乾燥的嘉義，開墾前一日會進行灑水作業，好讓土壤變軟，隔天開墾就會容易些。

自身的經驗獲得了平行的對照，有些恍然大悟，只是，我的黏土菜園沒有水源，因此掌握自然天候時機變得更為重要，且除了開墾的時機要看雨水配合，若在小苗移植後或施肥後遇上雨水，都能事半功倍，甚至下雨過後，那些摻雜在植株間縫的雜草也能輕易拔起。我所種植的番薯因為葉片茂密，難以用鐮刀深入其間將雜草根除，便是趁雨後將單株的雜草連根拉起。

春夏的種植得看老天給不給水，秋冬則因雨水連綿，葉菜相對好種，有時剛移植的菜苗在歷經連續一週的細雨，就突然長大許多，讓我不禁覺得宜蘭冬季的菜是用雨水做成的，無怪乎許多宜蘭人只吃受過雨水滋養的本地蔬菜，吃不慣市場裡的南部批發菜。

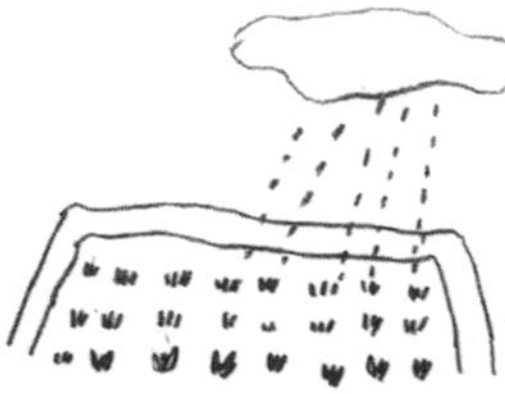

〈陽光底下〉

宜蘭冬季細雨綿綿，竹筷與擀麵棍一一發霉，就連賣場買來的三格櫃也起黴斑，聊表無奈。大概是冬雨緊接著又有梅雨季，夏季一旦日頭當照，人們雖感炙熱，內心仍是歡欣鼓舞的。每見時序轉熱，鄰人就從屋裡將物品一一搬出，曬棉被、曬黑豆、曬豆腐塊、曬大大小小的玻璃瓶罐，並橫掛竹竿串曬匏瓜圈、用細竹夾住粽葉整平曬乾，也趁著陽光正好，釀醬油、製米麴、做豆腐乳，巧妙運用陽光與那些看不見的菌來保存食物，此時剛收割的稻農也在烈日下翻曬稻穀，就連我養的雞都像貓咪一樣翻著肚子做日光浴。

盛夏將村人、農作、雞、貓、狗全都召喚出來，陽光底下我們不分物種一概平等，如沐如浴。

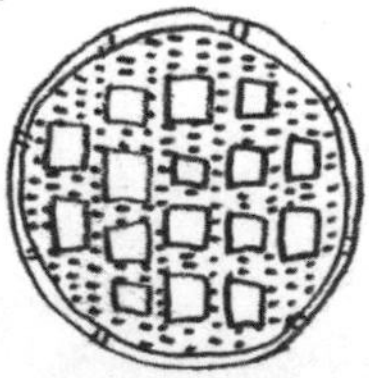
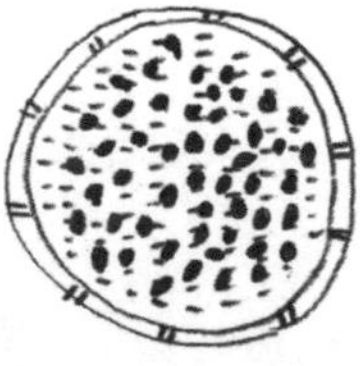

〈上山採集〉

關於採集，起先是路過、無意間發現了什麼，充滿機遇與巧合。後來我漸漸相信，我們真正所需的東西，很多都能向大地直接索得。

Xay的稻田在山腳下，接近七月收割前卻被山豬玩得滿目瘡痍，想循著山豬的軌跡往山裡探，卻發現一片野生的蓮霧林，問了地主那片林子無人擁有，我們便放心採果，在滿地腐爛落果的林間巡查，尋找仍掛在樹上比較紅、比較大的蓮霧，野生的蓮霧沒有市場的來得豐滿多汁，但也足以解渴。繼初夏土地賜予我們的果實，暮夏進入初秋的九月，家住壯圍的J帶我們騎乘那條蓋在狹長沙崙上，兩側種滿桑樹與防風林的自行車道，我時常跟不上他們，因為每騎一段路，我就被樹上暗紫深紅的熟成桑葚吸引，邊騎邊吃。

我們耕作了、飼養了，卻忽略採集也是一條與土地貼合的路徑，於是我開始大量將採集的概念運用在耕作與飼養方面。春夏季無論是長豆、番茄、絲瓜都需要竹棚，竹林就是最好的採集地。

而在育苗的階段，種子因為幼根細小，需要更鬆軟細緻的土壤，山林步道旁那些因落葉長年累積而成的腐植土，即為理想的育苗土。其他像母雞生蛋所需的巢箱、堆放果皮菜渣的塑膠籃，我就往村裡廟旁的資源回收區探看，成為一名拾荒者。

拾果、砍竹、挖土、拾荒，又因為日常生活需要一只長凳，颱風過後我們到海邊撿拾漂流木，哪天需要一只鞋櫃，就再到路邊尋找廢棄木棧板與角木。而每逢夏季高溫，菜園裡雜草出奇茂盛，作物又渴得缺水，我便到超市取得許多廢棄紙箱用以覆蓋菜畦，並到海鮮餐廳要來即將丟棄的保利龍箱，置放菜園間，靜靜等待夏季那場來得快去得也快的暴雨，作為果菜的灌溉水源。

從土地自然的採集，擴展到超市與餐廳後台的採集，我有些高興我沒有再為地球增添新的消滅不掉的物質，我喜歡那份摻著汗水累累為生活付出的勞動過程，即便奔波也能感覺踏實。

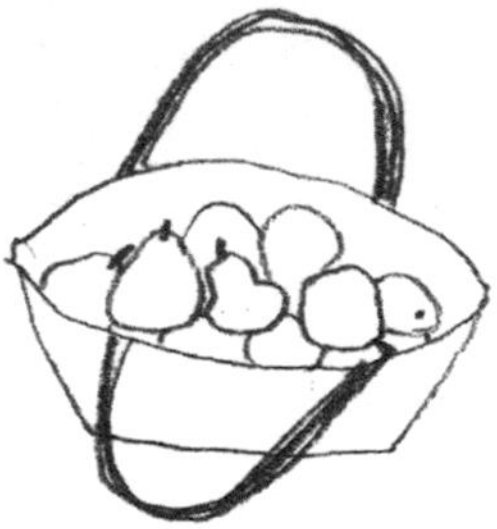

〈鋸竹〉

來鄉野的頭一年還不認識竹材，隻身進到竹林，大抵枯竹都被有經驗的人採走了，只見翠綠色的竹子還矗立林間，也沒多想就鋸來使用。新鮮的竹子管壁厚，前後拉鋸時纖維還飽含水分，年輕且濕潤著。將竹材載到菜園，一枝枝打進土裡定樁，再用舊衣物裁成的棉布條綁繫橫向的竹樑，為絲瓜搭好棚架，心滿意足。想不到數月過後，竹子卻在土中發了根，此時才赫然明白自己不是在搭棚，比較像是在幫竹子扦插繁殖。

曾經聽過竹子是很善嫉的植物，它的根會釋放某種排他物質，讓身旁其他物種無法順利成長，也因此造就了竹子都是成片成片地擴散，像強勢的集團惡霸排擠著他人。或許那年絲瓜種得不好，正是被身旁那位偽裝成要來協助它們爬高的好人給暗中妒忌了吧。

還記得那回載竹子，把竹材橫放在機車腳踏墊，不巧遇上四點的放學潮，橫向兩公尺寬的怪人阿姨就這樣迎面穿越一個個瞪大眼睛的孩群之中，還好孩童夠機靈，各個左右分流彈跳閃開，沒被傷著。

後來終於知道了砍竹要找三年竹，歲數三年的竹子水分少、韌度夠，當然也不會生根。並從書中學得日本將竹子鋸成「交喙形切口」的工法，能讓橫向的竹樑穩穩卡進竹柱頂端的凹槽。也從經驗得知採竹要找伴，一人騎車，一人直向抱竹，那頂多會變成長度很長的機車二人組，怎麼樣也比橫向路霸來得方便移動。

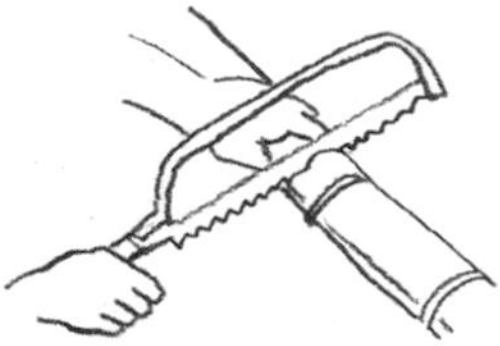

〈山土〉

為了順利將種子育成菜苗，耕作初期我到農業資材行買了一大包德國進口的專業培養土，只是這些經過人工調配、無菌處理過的土，用完了就得再坐船遠從歐洲抵達台灣，怎麼想都不是永續的做法。一次在山裡散步，發現了相思樹乾枯的落葉在產業道路上堆聚成一團鬆散的小丘，再往路旁看，雜亂無章的大花咸豐草底下，累積了十多公分厚的壤土，我於是返回家中拿布袋與鏟子，將雜草除盡，取得底下鬆軟的山土。挖土的過程中常會遇到螞蟻窩、山蟑螂、蚯蚓竄出，裡頭也有各式各樣看不見的天然微生物菌，我相信比起德國進口無菌土，生機蓬勃的山土會是自然更好的樣態。

取得的土揉雜了枯枝落葉，我於是到五金行買了細格目的鐵網，用撿來的角料釘成篩土網，通過網目關卡的細土紛紛落至地墊上，彷彿下了一場柔軟的土雨，堆成一座蓬鬆細緻的小山。

每回在挖土與篩土的過程中，都會有種「發財了」的錯覺，像這樣健康的山土對耕作者而言簡直就是黃金，全程賦予你一股強烈的富有感受，當然永續循環能讓你減少浪費物質與垃圾的罪惡感，但這之間也含括免費的自由所帶來的暢快，在無奈的資本主義社會底下，我們能藉由採集或者耕作飼畜，稍稍自物質購買的綁架系統叛逃出走。

縱然街邊有種子行、苗行、農業資材行、竹行，隱隱誘惑著你用新台幣購得便利，但有時候我寧願習得自家留種育苗的技巧、認竹砍竹的方法、木作的本領，以及累積上山找土的經驗，以獲取勞動的踏實與快樂。

〈小森林〉

以數十坪大小的菜園來說，在地村人頂多栽種兩、三樣作物，我卻種了三十多種。以春作來說，除了基本款的長豆、茄科、秋葵、果類、地瓜以外，我也種植薑、蘆筍、山藥、高粱、樹豆、芋頭、百香果。而秋季必備的十字花科葉菜、蘿蔔、萵苣家族、茼蒿、洋蔥、馬鈴薯、四季豆與豌豆，蔥、蒜、芹菜、韭菜等常見辛香料，我進而嘗試角菜、蕗蕎、茴香、沖繩黃蘿蔔等作物。

原本就多元栽植的作物種類，以及大部分被保留下來的雜草，再加上前一季自然掉落至泥地裡的漿果、結穗飄落的細小種籽，自行孕育出小番茄、紫蘇與莧菜幼芽，於是水平分群層層疊疊，一路從泥地裡的蚯蚓、蜈蚣、雞母蟲，到畦面上的蔓性雜草與穿梭其間的瓢蟲、螳螂、蚱蜢、蜜蜂、蛾類幼蟲、青蛙、蟾蜍；從自然野化的前期幼苗、底層中堅的葉菜、中等身材的果菜，往高處攀爬的豆科、山藥，棚架上蔓生的百香果、一旁矗立的木瓜樹，它們在此獨自建構出自己的生態系。若說鄰人的菜園是溫帶國家整齊劃一的針葉純林，偶有棕熊於林間覓食，我的菜園就像台灣山林，溫帶、熱帶與亞熱帶樹種交融於一爐，山羌、獼猴、飛鼠、山羊生活其間，看似凌亂卻滿富生命力與澎湃律動。

曾經在菜園裡挖了一株九層塔，給住在都市的朋友種進盆栽裡，沒多久便傳來蚜蟲來襲的消息。我的河邊菜園因為生物多樣性的緣故，即使有蟲，也鮮少需要去「防治」，因為在一座物種夠豐富的野地森林，各類動植物會相互制衡，自行激發出最後的平衡狀態，只要我們願意相信自然本來的力量。

〈小番茄的退路〉

宜蘭的秋冬多雨，番茄淋了雨會得到屬於番茄界的香港腳，葉上有灰白斑點，沒多久就不敵黴菌的侵襲整株敗壞了，因而宜蘭的番茄大多種在溫室，嬌滴滴地被呵護著。從鄰人那取得在台灣野化許久的小番茄種子，它很堅強不容易得到香港腳，但就如同其他品種的番茄一樣，繁生的腋芽東長西竄，倘若不加以理會，很快植株就會雜亂無章，過分生成的側枝瓜分了營養，難以結出豐碩的果實。

許多作物都會長出腋芽，只是腋下的芽沒有狐臭，多數時候不要緊。但番茄的腋芽卻無法置之不理，因此農人三天兩頭就要去菜園巡邏，把那些悄悄冒出來的腋芽辣手摧去，往往一陣捻完，指縫也被汁液染為黑色了。

原本不甚明白腋芽的用處，倘若植物終其一生以留下最完整豐碩的果實作為繁衍使命，何苦再派遣腋芽來自亂陣局。直到那年異常寒冷的元月，淺山降下皚皚瑞雪，平地田間則飄起細霰，一夕之間，原本繁盛的番茄植株所有青嫩細薄的葉片都癱軟枯萎。心灰之餘，時隔幾日我卻見到植株上原本不起眼的腋芽替代了已凍逝的正牌側枝而生，如同背負使命的遺族，緩慢而堅決地從番茄墳場中吐露一線生機，始能明白腋芽一直都是小番茄為自己所留下的退路。

〈上游捎來的訊息〉

農村的生活大抵是安居的，但大多時候其實無關乎你想不想，在農村所做的事情會讓你不太能走遠。搬來宜蘭以後，鎮日在雞舍、菜園與稻田間往來，底下有眾多生命嗷嗷待哺，待你照料，我逐漸成了一個農村宅，除了偶爾回台北與親友相聚或接洽工作，難有長途的遠方旅行，有時我會提醒自己世界之大，怎麼就這樣把日子過小了。

不過大部分的時光我仍安於當一個農村宅人，在特定的幅員之內習於生活的自適與緩慢，流連菜園、圖書館、山上與海邊、在地慶典與活動，覺得自己或許不需要遠方。

釘打在生活與工作的匯流處，家常日子的路徑基本上是固定的，偶爾穿插突來的信息。有段時間天天到河邊菜園忙於農事，今天看到河裡有剝掉的筍殼，明天一隻死雞順水流過，後天是高麗菜的外葉或者風化脆化的舊竹枝架，我才體會到河川是會捎來訊息的，如同那位總是轟隆轟隆將綠色檔車停在平房前，大聲呼喊收件人姓名的郵差阿姨，她也是一條河流，捎來遠方的明信片與包裹。

宜蘭密布清澈的河川支流、渠道、水溝大排，好像無形間串連起境內人們的生活。我幾乎能想像菜園旁這條來自蘭陽溪的水渠，上游的阿伯採收了竹筍，他就站在河邊用香蕉刀俐落除去筍殼的姿態，或者那日清晨阿嬤發現雞舍死了一隻病雞，隨手將牠拋進河裡的身影，以及將最後一批豇豆收成，並除去雜亂豆藤與使用多年的風化竹枝丟進河裡的阿公，他們無意間還之於河川、出海口、大海的信物，流經了我，並在我腦海中勾勒出他們某日晨昏的菜園片段。

我時常站在離河面一公尺高的菜園邊上，將綁繫普魯士繩的水桶拋進河中打水，有一回繩子鬆脱沒綁好，鮮紅色的水桶就逕自隨著水流越漂越遠，我們一路大步躍過好多人家的菜園，還一度一人抓腳一人橫撲在泥地上伸手就快撈到水桶，最後卻被昔日魚塭建起的頹圮紅磚抵擋住，眼睜睜看著水桶消逝在河的盡頭。

或許隔日，家住壯圍的農人會撿到一只上游捎來的水桶，上游捎來有人曾經拚了命想救水桶卻仍失敗的信息。

〈死人盆栽〉

平房旁的磚瓦老屋久無人居，倚著牆邊接連著一塊畸零的小區域，上頭雜草叢生。一日我們把野草清除，覆上了一些泥土，每日隨口吃的果皮菜渣就直接往土裡扔。

我沒有將果皮菜渣埋進土裡，生鮮的東西埋進土裡會發酵產生熱能，那會傷土，傷害土裡本該就有的天然的菌；我也沒有特別買菌來做堆肥，我相信物質置放在土壤上，久了，時間本身就會把它們變成土。

養了雞以後，雞把果皮、菜渣、剩飯、蝦殼、蚵殼、魚頭，通過小小溫熱的身體全都變成了雞屎，一樣置放在土壤上，比起原本的食物面貌更快搖身一變成為泥土。我所有吃不下的、不能吃的，雞都能吃。當雞還小的時候，我像對待嬰兒那樣把廚餘剪碎、剁碎、敲碎，滿三個月後，牠們比我想的還要靈巧堅強，運用尖銳的喙還有爪子，連排骨也啃得一乾二淨。滿六個月後，成熟的雞一隻隻都能吃了，在喝完雞湯後那些啃完的雞腳、雞胸骨、雞脖子、雞頭，我能像排骨一樣拿去給雞吃嗎？給雞吃雞道德嗎？

彼時我有些遲疑。

一日，在清除後院時，發現牆角一個被藤蔓纏繞的彩繪瓷骨盆栽，看來有些歲月，想必是房東的阿嬤之前住這裡所留下來的吧。我把盆裡的土壤倒出來，一面用小鏟子把結成硬塊的土壤敲碎，裡頭和著蝸牛殼、腐葉，陸續還摻雜著模糊難辨的褪色碎布。才心想為什麼土裡會有碎布，一時之間失控的想像力與本就有的易懼體質，我聯想到死人，便感到一陣驚懼，突然害怕眼前那些土。只是我隨後也意識到，其實土壤本來就是死人，土壤就是千萬年以來，所有死去的，包含人與各種生物所變成的，我們的骨頭與遺骸在土裡，我的爺爺奶奶外公外婆變成了土，我未來也會變成土。

而我所飼養的雞也終將變成土，明白了這一切，那麼給雞啃雞骨，又有什麼分別。如果能意識到所有的生命最後都會變成土壤，然後從我們身上再長出生命去餵養其他，就不會覺得有所謂的殘忍與道德牴觸。

〈野草是甜的〉

信步來到河邊的菜園，一路上會經過幾位鄰人的菜畦，這裡的村人有些固有習慣，他們喜歡把雜草除盡，也覺得倘若不施肥，作物就不可能有所收成。除了施用化肥，也會向附近養雞場要來雞毛，黑黑灰灰的雞毛平鋪覆蓋菜畦上，像壓扁成長方形的倒地灰熊。

耕作的次年起我便忍住不除草了，忍住那些勤勞，那雙想把雜草除盡的勤快的手。但人有偏好，我辨識出竹仔草就是我在黏土菜園裡的頭號公敵，它一發不可收拾的誇張性情，一旦蔓延開來，就以匍匐大軍全面攻佔，所以看見了就連根拔除並丟到河裡以絕後患；我也習慣除掉一部分的咸豐草，只因為它太優勢，我便充當神之手來平衡眾生。其餘只要雜草沒超過作物本身高度，不會遮擋作物所需的陽光，我都一概保留。於是時間久了，蔓性的菁芳草鮮鮮綠綠爬滿菜畦，車前草抽出花苔，鼠麴草與黃鵪菜開展黃色的花，酢醬草吐露紫花，我的作物藏匿其間，濃烈成一片豐盛的綠。

自從不把雜草視為敵人，漸漸能看到各種雜草完整的生命歷程、它們開花結果的樣子。我看見酢醬草除了底下球莖能夠繁衍族群，花開後結出了微小卻精緻的迷你果莢；然後水蜈蚣散發出香甜的氣味，不是糖果那種味覺的甜，是用鼻子就能聞見的嗅覺的甜。

一座菜園在視覺看來是綠的各種層次，但在嗅覺的光譜裡卻是五彩繽紛的。我是在種菜以後，才開始確切地感覺到，四季豆有一股很濃的芥末味；小松菜附有極具特色的苦甘滋味；白蘿蔔有獨特的辛，一種曖昧的辣性。然後也發現九層塔的花序就如同九層塔葉片的味道，紅蘿蔔的葉片也有紅蘿蔔的味道，甚至若用鐮刀去砍木瓜枝幹，枝幹滲出的也是木瓜味。整個植物本是血脈相連的一體，想想各部位的味道相同並不奇怪，只是我們鮮少去吃紅蘿蔔的葉子、九層塔的花、木瓜的莖幹，所以感覺陌生罷了。

有一天晚餐吃杏鮑菇的時候，我突然發現杏鮑菇有股杏仁味，驚呼之餘回頭想想，這天大的秘密不是早就揭示於它簡短的命名了嗎。我從前是味覺相當駑鈍的人，曾經在某次喝紅茶時，我問了身旁的朋友如何分辨好喝與難喝的紅茶，她抿了抿口中的紅茶，想了一會告訴我：「如果妳喝過好喝的，就會知道了！」

如果吃過好吃的東西，就會知道什麼不好吃。如果看過健康的土壤，就會知道什麼是不健康的土壤。事物有諸多的味道，只是過往從未覺察。

〈排隊按門鈴的作物〉

一心想著耕作，冀望在每個季節把所有適時適種的作物都貪心試過一回，於是在辣椒豐收之際才想到自己其實不這麼常吃辣，或是收成一撮不上不下的黑豆連做豆漿都嫌少，以及，我到底種那幾株高粱要幹什麼呢。

我的原生家族從來就不是傳統農家派，什麼端午肉粽、清明潤餅、過年做粿，一概沒能從老一輩傳承下來，我卻在搬遷農村後，兀自站立在豐收的作物前，才恍恍然被逼出料理食物的能力。然而作物就像來訪的朋友一樣，很難在一年之間均勻配置，他們總像約好一樣接踵而來，然後又在某些時節各自埋首生活，徒留一陣寂寥。每年種子剛播到土裡的初春與早秋，就是那樣一個沒有作物來訪的空窗季節，數月過後，初春播種的作物在五、六月突然一窩蜂地造訪你家，長豆、茄子、秋葵、小番茄、玉米筍一個個如同急驚風迫切地排隊按門鈴，叮咚叮咚，我們的胃應接不暇；而早秋播種的作物則於歲末相約團聚，由芹菜、珠蔥、蘿蔔還有茼蒿領軍，強勢入侵民宅餐桌舉辦冬日派對。

因而如何將當季盛產的作物封存起來，成為生活在農村的必要技能。年底盛產的洛神葵，加糖熬煮成洛神露或果醬，留至夏季開胃解暑；菜園裡的香草植物在夏季特別旺盛，我趁著尚未開花抽序、葉片仍是鮮嫩的九層塔與羅勒採收風乾，攪碎後摻入橄欖油與堅果製成青醬，用來拌麵或塗抹在麵包上；另將紫蘇在烈日下曝曬幾天，水分蒸散後輕輕一捏就粉碎成酥，裝入密封罐，將來炒蛋或拌入稀飯皆宜；並將毛豆加入香油與胡椒涼拌，再加入菜園裡香氣類似八角的茴香替代，同樣別有滋味。

糖煮、油漬、烈日下曬乾、放冰箱冷凍，人們無所不用其極以保存食物，但部分高產且採收期特別長的作物，仍以鋪天蓋地之姿占據了農家的飲食地圖，如同夏季，農家可能整整吃了三個月的長豆與茄子，每日按時採收定時定量，奶油沙茶咖哩涼拌煮湯，我們可能快變成了長豆茄人。而所謂的自給自足實際上就是秋冬日日被芹菜與珠蔥淹沒，到了春夏則轉身跳入茄科與豆子海裡盡情溺水嘩啦嘩啦。

雖然因作物的配時不均，要達到每日自給自足的程度仍很遙遠，但偶爾夏季餐桌上一碗地瓜飯、一盤秋葵沙拉、番茄炒蛋、芋頭甜湯；或是冬季的蒜炒茼蒿、燙豌豆、滷蘿蔔、一鍋山藥雞湯，達到高度的糧食自給率，還是會欣喜滿足自己正朝實踐理想的路上緩緩前進。

〈洛神加工廠〉

除了河邊菜園，另一座位在鄰村的黏土菜園因為蝸牛多、土壤又黏又硬，且沒有灌溉水源，葉菜屢次種不好，新苗種下去，不一會就被蝸牛吃個精光。後來索性把去年採種的洛神籽育成小苗，成排栽植了十餘株，這個耐旱、不挑土質，且不易招來病蟲的強韌作物，果然在年底結滿了鮮紅膨大的花托。

用修枝剪採下一顆顆紅寶石，在冷冽的冬日起了爐火開始熬果醬、煮果露、醃蜜餞，也趁著難得的秋老虎週，把洗淨風乾的洛神拿到屋頂曬日光浴，作成果乾，留至夏季沖泡來喝。隔了一段時日再訪菜園，又一批新生成的果實掛滿樹頭，我將它們裝入箱裡，寄給在霧峰開烘焙工作室的朋友Taco，他於是做了洛神磅蛋糕來訪宜蘭，我的洛神，你的蛋糕，流淌傳遞著食物的溫度與美感。

又過了一些時日，土地仍然源源不絕生成食物，上一批作的果醬已分送給親友了，面對新生成的收穫，我想著自己還要繼續再重複一樣的事嗎，那彷彿工廠生產線機械般地熬煮。

此時 Taco 正好代合作的咖啡店來詢問，想向我購買洛神，我首次面對了賣不賣農產品的問題。

我開始上網搜尋洛神每斤交易價格，依照不同年度豐收或欠收、不同栽種方法與肥料有無、除草劑有無，菜市場零售與產地批發，產生了各種高低價位，我突然感到一陣猶豫，覺得一顆顆鮮紅色的飽滿果實在我眼中變成了硬幣，我真的想把種菜這件事情轉化成金錢嗎？人們的想像力是很豐富的，事物一旦曾經換算成貨幣，往後的人生你見著了它，只會在意它的產量、產值，我一定也會重新度量勞動的價格，就連汗水也貼上了標價。

以蔬果來比喻或許有些抽象，如果試著用母雞來思考，兩者一樣都是從小拉拔長大，一路看著牠們長成並有所獲。倘若一顆雞蛋販售十元，但你曾看見母雞用力生蛋的辛苦過程，會覺得一顆雞蛋真的只值十元嗎？這個價格是對不起雞，還是對不起自己照養過程的辛勞？又或是，給自己吃難道就不貶低蛋的價值了嗎？

也許養雞生蛋給自己食用的過程，比較像是：我替你建造雞舍以遮風擋雨、每日清潔維持環境舒適；替你找來碎米，日復一日因你而早起，煮飯餵水，栽植辣椒用以拌飯，使你有更強健的體質抵禦寒流。而在這一切過後，母雞用生了顆蛋向我說聲：「謝謝妳一直以來的照顧，讓我免於在野外挨餓受凍，以及時而對抗猛獸的險惡。」而販賣雞蛋的過程，就類似於把雞視為生財機器，母雞用力一蹲，匡啷匡啷滾出十元硬幣。

也許因為真的太喜歡種菜了，以及對自己所飼養的雞投注了情感，我寧願贈送或交換，卻不想販售農作，覺得這麼做可能會混濁耕作的初心。但當然，倘若有人特別擅長栽植作物、製作出來的農產加工品獨具風味，或者為了生存養家以此為工作，那也都是人們的選擇，只是現階段不賣農作物是我個人的選擇罷了。

明白了鄉村的人為何長久以來習於以物易物。事物似乎是貼上了標價，便減損了它在你心中的價值。

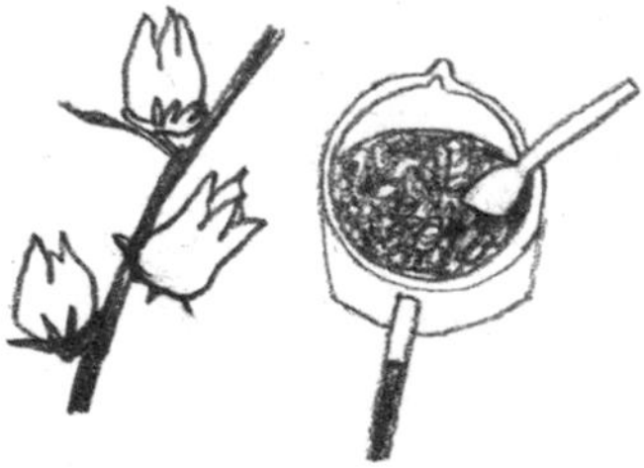

〈種稻學習筆記〉

下田的門檻／喜歡種菜的心意是確定的，覺得陪伴作物一路成長茁壯的過程，令人心滿意足。至於種稻，一樣也是伴隨稻米孕育的路程，只是它不如菜園裡形形色色的繽紛蔬果，它僅僅擔起作為主食的大樑之姿，在廣闊的水田只栽種單一作物。

起初對於種稻興趣並不濃厚，幾分地的田，只有一種作物無限複製，還有泥漿化的田土得一腳踏入。搬來農村後雖報名了種稻課程，頭幾堂課卻還是猶豫著真的要下田了嗎，後來才索性到宜蘭市區買了下田鞋，下定決心走入泥濘田土中。畢竟，餐桌上有菜、有蛋、有雞肉，生產稻米便成為完成自給自足的一張重要拼圖。

陳阿公的大玩具／陳榮昌阿公是員山深溝村七十多歲的老農，是最早自根深蒂固的慣行農法中，跳出來嘗試友善耕作的資深農夫，也是我們友善稻米耕作課程的老師。從稻米插秧到收成的四個半月，一路伴隨我們種植稻米，也種植這群菜鳥農夫。

我記得初期面對這片稻田時，陳阿公最早交給我們的觀念就是「水位控制」，要認識四周環境的水文、水路，是來自蘭陽溪的灌溉渠道，還是自山裡來的泉水，然後觀察各塊稻田的進水口與出水口。當田裡還是稚嫩秧苗之際，最怕福壽螺大軍來啃食，這時田裡的水必須少，少了水，螺貝類就會鑽進泥地裡躲起來。而當秧苗逐漸長大，在地底下伸出探索的鬚根尋找養分，此時就怕雜草來競爭阻礙，這時田裡就需要進水，讓還在田裡的草籽因浸水而無法發芽。

農人用木板或磚塊擋住水口，進水口的木板拉開來就彷彿是轉開到最大的水龍頭；木板擋住，就變成了細水慢流，而出水口則像是浴缸的圓球栓塞，擋起來，水田浴缸裡的水就保住了。聽著陳阿公滔滔不絕講述水位，那是我在這門課中第一次具體感受到，種稻與種菜原來是很不同的兩件事。如果你種了一甲地，你就是這一甲地的管理者，這是人與自然約定的一場很大的合作關係，農夫獨自面對這片龐然大物，而祂交給你決定水龍頭開多大多小、雜草與福壽螺怎麼處理、何時曬田、何時收割。我看著陳阿公的身影，突然覺得這片田地像是阿公的大玩具，無敵放大版的玩具。

手插秧／一把蔬菜、一顆瓜果、一隻雞，在成型之前，都有許多種植或飼養途徑。種稻也不例外，每一粒稻米收成前也有千百樣種植的方式。在我們學習種稻的地方，有人走自然農法、有人學樸門、有人草生栽培、有人採慣行，有人全程機械化、有人走極致的手工路線。我們所種植的稻田，大部份採取機器插秧、機器收割、進廠烘穀，但同時也保留一塊小區域，跟著阿公手插秧、手割稻、日曬米。很多時候，因為經歷過扎實的手工基礎，再去使用機器協助，才能深刻明白機器替你做了哪些事情，也才能看見過程裡的種種細節。

手插秧之前有件重要的工作——牽輪子畫線。陳阿公為我們示範此項傳統農具的操作方式，只見阿公不急不徐，一步步優雅地游走田間，畫出一道道筆直的線，再垂直牽出橫向的線，如此畫成的格子，成為農夫在水田畫布上打的草稿，以利秧苗對準在十字上。

奇妙的是，眼看著陳阿公曼妙的身影，直覺這項農具應該不重，也應該不難吧，於是同學們躍躍欲試，卻見到年輕力壯的男同學一隻隻變成駝獸，有人曲背死命向前拉、有人雙腳深陷泥沼之中……啊，說好的優雅呢？

格線畫好後，手插秧又是另一門功夫。左手臂內側如牛排館侍者那般盤放秧苗，一面理秧，右手取約五株秧苗插入田裡，然後五束一排，兩腳倒退即是前進。陳阿公告訴我們，插秧時兩腳要站穩，馬步要蹲好，手肘可以輕放在膝蓋上，然後絕不是彎著背在插秧。那時候我忽然將平日的瑜珈練習與阿公想傳達的意念聯結起來，插秧時我們的背該是直的，像一道溜滑梯，並且要微微捲起尾椎，運用腹部的核心力量來使力，倘若背拱起來像一彩虹，勢必沒多久就腰痠了。一直以來陳阿公道地的宜蘭台語腔常讓我聽著聽著就迷路了，但此時此刻我完全理解陳阿公，不由得在內心歡慶，為我們彼此靠近的心靈乾杯！

搓草／雖了解水位控制的重要性，偏偏命運多舛，學習種稻那年宜蘭的梅雨降得少，整個春季乾燥少雨，實習田區所吃的蘭陽溪水圳，就在稻田需要進水以防止雜草生長的時間點，足足枯竭了好一段時日，於是我們在烈日下就有了除不盡的草。面對雜草，阿公的方法是用鐮刀微微割進土壤裡，切掉一些土壤裡的草根，接著再把割下的雜草揉成丸狀，直接埋入稻禾的腳邊，作為稻禾的養分。

至於福壽螺，當秧苗日漸茁壯，田裡沒清乾淨的福壽螺反而可以幫忙吃些幼嫩新發的雜草，所以陳阿公主張福壽螺並非一定要趕盡殺絕。像這樣把敵人搖身一變，變成養分、變成吃雜草的小幫手，好像勾勒出阿公對於自然萬物包容、和諧的態度。

田性、曬田／管理一片田區有諸多需要決策的環節，像是當稻禾逐漸分櫱、作櫃（含苞）、弄花（開花）、結穗，過程中何時要施肥、何時要曬田、何時能收割，一切都需要經驗累積。陳阿公覺得認識每塊田的田性，就像了解每個小孩的個性係啥米款一樣重要，例如有的田，土層較深且泥濘，台語稱為「ㄌㄨㄥˋ田」，此時就要提早曬田；有的田會出泉，也就是田地底下有自然湧泉冒出，這時就要在水田四周挖溝，方便排水。

陳阿公教我們去觀察一行行稻禾之間，倘若稻葉在視覺上都布滿行間了，代表分櫱數差不多足夠了，此時就可以開始曬田了。由於促進前期葉片生長的氮肥、磷肥多半浮在土面，後期接近結穗之前，透過曬田可讓土壤表面乾掉，稻禾根部一旦吸不到水分，就會往下找水、定根，同時也能吸收到較深層土壤的鉀肥，提供結穗所需的營養，而另一方面，曬田也是為了讓水田變乾，方便之後大型收割機下到田裡作業。

日曬米、倒掛米／七月，暑氣漸增，來到了收穫的時節，我們到田間判斷稻穗的熟度。阿公說，如果一片田有七、八成都差不多成熟，就可以收割了，因為若要等到全數的稻子都熟成，那些原本較早成熟的就會過熟，輕輕一碰稻穗就會落滿地。而選在七、八成熟，其餘兩、三成就算是青粒，吃起來也無傷。

現在的收割機能將收割、脫穀一次搞定；另種方法則是選擇一束束手收割，用傳統打穀機來脫穀。我們一部分的稻穀送到烘穀廠，以機器烘乾，一部分則花了三天時間在鄰近小學的廣場日曬，每隔二十分鐘翻攪一次，一次整成金黃色的山形，二十分鐘後再拖曳成平面，兩相交互，讓稻穀均勻地曬日光浴。

日曬稻米雖然費工，但比機器烘乾的香氣與口感都更好，此外，我們也體驗搭竹竿將稻穗倒掛，據說這樣能讓稻梗的養分及水分回流至稻穀，吃起來的口感更勝日曬米。只可惜我們的倒掛米先是被小鳥光顧，後來為了防鳥披上黑網布，卻因不通風，稻穀在網布裡發了芽，因此真正的口感如何就無從得知了。

編草繩、掌草、堆草垺／稻米收割後的稻草散落在田間，早期曬乾的稻草會拿來編草繩、餵牛、鋪蓋屋頂，就算時至今日，用來覆蓋種菜的畦面也十分方便。陳阿公教我們用手掌搓的方式將兩股稻草揉合成一股，再不斷從中間添入新的稻草一起搓揉，以延長草繩的長度。當那樣樸美的工藝在你眼前俐落呈現，頗具震撼力。

草繩做完，田間還有無數散落的稻草，陳阿公教我們紮草的技巧，那看似沒有「綁」或者「打結」的動作，卻著實將稻草紮整成束，也是完美工藝的具體展現。我們將這些三角錐狀的稻草聚集起來，展開堆草垺的大工程，一束束稻草自阿公所站立的中心點放射狀排成一面正圓，再疊上第二層、第三層……只記得那天陳阿公手腳明快俐落，學員們自動如生產線不斷遞補稻草給阿公，以求無縫接軌，過程中有種屏氣凝神的專注氣氛，寧靜且流暢地完成一座大型草垺。

長達半年的課程結束，同學們相約古道旁舉辦食米野餐會，大夥準備了各式手路菜、醃漬小菜，悉心品嘗糙米、胚芽米、白米的滋味。被問及吃自己種的米有什麼感想，老實說我覺得種稻的「手作感」並沒有這麼強烈，因為過程裡有太多的人參與其中，仰賴了許許多多的人從旁協助，較難以直接聯想眼前這顆米是自己生產出來的。但可以確定的是，剛碾好的新米，水分飽滿，口感香Q，生平第一次覺得就算只吃飯不配菜，也覺得米飯好甜好好吃！

我想起了詹武龍曾說：「對農夫而言，把米飯送入口中的那一刻，才是真正的採收。」嗯，收割的味道甜甜的。

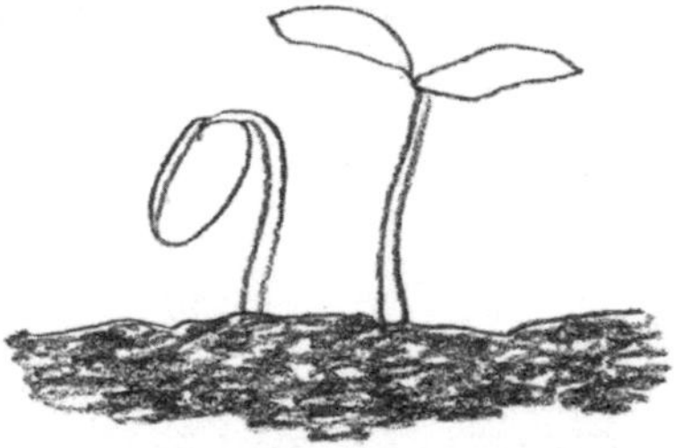

chapter 4

嶄新生活

楔子

都市生活有一套隱而不見的循環體系：人們在體制內被雇用、被佔據，以賺取報酬，然後身處在以貨幣為運作主軸的世界，再消費更多的物質與服務。這之間能自己掌握的少之又少，變動性大，生活仰賴在不可靠的事物之上。

農村生活貼近土地，對比一年四季都是冷氣房的辦公室，在戶外耕作只能在意冬季穿暖、夏季透氣，什麼時尚不時尚也不重要了。然後耕作、飼養、料理、醃漬，每天就是想著三餐煮什麼、該採收什麼菜、盛產作物要如何豐藏，或者蛋生了沒、哪時要來吃雞燉補，日子彷彿團團圍繞著食物而生。五臟廟被祭飽了，多半時候心滿意足，吃飽喝足村人聚首的地方是誰家的客廳、院子、樹屋，或是山林水邊，那些講究裝潢氣氛的聚餐形式在此不太盛行。

事情回歸到「實用」，實用的穿、實用的吃、實用的聚會地點，許多購買就顯得非常多餘。一旦消費減少了，生活多半能些微偏離物質循環，以更為獨立自主的面貌呈現。

不被購買與消費綁架，始有餘裕能探索工作之於人生的意義，於是在那份自由底下，生活一面在勞心的過程中沸騰雜沓如是進行著，一面又在勞動身體揮汗耕作的過程中洗滌淨去，沉澱與釋放之間，消長來去，試圖找到更自在和諧的狀態。

〈小地方〉

一直以來都算是害羞慢熟的人，也從來不是人面很廣的那種類型，可來到農村，不管是舊識、課程認識、朋友的朋友，好像自然而然就會遇到志趣相投的人，彷彿這塊土地直接幫你篩選出溫和親土的人們。無論草根濃厚或者來自都會，他們多半謙和，可以聊耕作泥土、養雞種稻，也能一同咀嚼人情世故。這些多彩的人們，自四面八方而來，於交會時互放光亮。

而且不知是否因為宜蘭的人口少，在這裡生活，只要出沒公共場合，或參與了稍具規模的活動，十之八九都能遇到認識的人。就是在週四的流動夜市遇到了種稻班的同學，他們一家人正在彈珠台前專注拚獎品，小孩賴著不走；去演藝廳觀賞現代舞劇，遇到了在文化局工作的山社學長；去國小禮堂看紀錄片放映，許多農友也坐落席間；在昔日的中興紙廠欣賞來自沖繩的歌手演唱則遇到了植物染班的同學。其他諸如縣內唯一的百貨公司、文化中心圖書館、頭城搶孤，也是在地居民容易巧遇的熱點。

那奇妙在於，你只是去鄰村吃個早餐，隨意發愣就望見對街在便利商店前停下小貨車的那個男人，不正是前兩天去松羅湖露營隨意閒聊了幾句的嚮導阿伯嗎？然後吃完早餐到一旁國小舊校如廁，前來問路的女生就剛好是數個月前在朋友新開餐館一起看《路邊野餐》同席在場的人。有時我訝異於自己彷彿身在《楚門的世界》裡，幾張固定面孔的角色穿梭在真實生活場域，農村遠山的布幕一拉，這幾十人就到後台領取臨演費。

更甚者，這些在不同圈子與場合認識的人，他們彼此也或早或晚相識了。對比在都市生活時，人際是以自我為核心向外輻射出去，從自身拉出一條條線到求學各階段結識的同學、各個時期工作過的同事，農村的人際網絡比較像是張密織的蜘蛛網，縱絲橫絲彼此相連，熱絡且繁瑣。
在小地方生活，世界是由認識的人所組成，所有的人在同一條船上。

〈兒時的突然造訪〉

在我小學國中的階段，學校離住家不遠，同儕多半住在家附近，有時同學就騎著腳踏車到公寓底下，往樓上喊了名字喚我下樓拿東西。或是早上直接站在樓下等，押著我上學別遲到，一起步行去學校。高中以後全家搬到近郊一座山上型的社區，公共的巴士班次不多，若沒特別約定來訪的話，大抵都是平靜的居家生活。有時我會懷念童年時期那種突然被造訪的驚喜感，唐突中帶點溫暖；也會羨慕常有訪客的那種家庭，人們來來往往、穿梭進出的歡騰氣氛。

搬來宜蘭後居住平房，門前就倚著小巷，人們路過門口與其特地撥了通電話聯繫，還不如直接喊門。於是就這樣，H傍晚飯後來巷口倒垃圾，就在平房窗前喊我一聲，然後進屋喝茶靠北老公。鄰居Xay隨興浪漫，常提幾罐啤酒來找TN彈吉他。J下班後來鄰村碾米，習慣帶著滿滿的碎米與米糠來給小雞添飯，順道諮詢工作感情疑難雜症，了卻心頭事。還有家住附近也在耕作的K，送來了自製的鹽滷豆腐、手工蘿蔔糕，順便交換近日種菜心得。另有一回，P記錯了聚餐日期，提前一天來訪，啊，那就坐下來一起吃晚餐吧！此事被眾人笑說這記蹭飯的招式高明，要學下來。

初來農村的第一年，我欣喜被這日常的熱鬧淹沒，我們總自嘲今晚「誰來晚餐」的特別來賓會是誰。加上TN好客，有日他天真說著：「不如就把自己定位成廟公吧！將居家客廳視為半開放的廟埕。」

只是熱鬧或許是種陷阱，人們一旦三不五時被團聚的念頭綁架，很容易忘了本來該專注的事。況且現代生活，擁有專注變得越益奢侈，人們在任何時候任何地方都可能自原本投注的事情中斷開來，像是手機響了、電子郵件與社群軟體不時跳出來的訊息，加上身處農村，另有菜車廣播、本產土雞車廣播、五金車廣播，以及熱情的鄰人拿菜給你、朋友突然拜訪，甚至郵差會停在門前大喊「ＸＸＸ掛號！」若動作稍微怠慢，郵差就以更加宏亮到街頭巷尾都能聽見的音量繼續喊你，如同即時通訊軟體的已讀功能，我們被迫在第一時間做出立即回應。

無論在虛擬或實體環境，我發現自己正處在一種透明且隨時可被取得的狀態，然而生活不該毫無限制地敞開，如何有意識地隔絕外在與雜訊，是習得內在平靜的首要之務吧。

〈複雜或簡單〉

多年前去海岸山脈上的奇美部落，正遇上族人收割玉米，村子裡家家戶戶各派壯丁前來助割，一陣揮汗如雨的午後結束，眾人來到當日主人家中享用豐盛晚餐，等到下一回，換成誰家的作物採收，其他人再前去支援。那是我第一次認識鄉野地方的換工，覺得那樣的模式頗具美感。

但美感是需要距離的。搬到鄉下後逐漸體悟到，當你在都市，生活所需的資訊幾乎都能從網路找到，但在農村，無論是找租屋、找菜園、找水田，消息來去，許多事情都需仰賴人際上的口耳打聽。又或者，在都市缺工的時候只要願意開價，不論是工讀生或發包案件都能找到人手；可來到農村，農忙時家家戶戶都缺工，願意支付薪資也不一定能請到人，以及颱風前夕人人急著割稻，此時就看誰跟代耕業者的交情好。

從前覺得鄉下地方人情淳樸，一切美好單純，如今身處農村，雖仍能感受到質樸豐厚，卻同時也看見了鄉野暗自流動盤根錯結的農村政治。在這裡許多事物丈量的貨幣是交情，比起金錢，是否展露了更為赤裸裸的現實。

我曾經因此對於是否要繼續種稻感到十分猶豫，像稻米這樣大面積的單一作物，或許下田除草、撿拾福壽螺、管理水位，還能靠自己完成，但是耕作前水田的粗打細打、插秧、收割脫穀，一般還是仰賴代耕業者的大型農機，其間烘穀之後的人力搬運、貨車運載、倉庫保存，也需要協力、商借或者租用。且就算你想以家庭為單位自行手插秧、手收割，其中仍有諸多環節需仰賴他人，比如借用傳統脫穀機，以及協調曬穀場等。

對於一開始就知道將來勢必要尋求他人協助才能完成的事情，感到幾分麻煩與複雜。也明白了或許每個人都有適合自己的工作模式，無須勉強，有人喜歡團體協力，追求共同完成一件事情的熱鬧過程與成就感，有人則習慣依照自己的步伐獨立作業。大抵知曉自己屬於後者，喜歡安靜、單純穩紮地做事情，於是暫且將種稻擱置一旁，終日只是帶著一把鐮刀、一把鋤頭去菜園開疆擴土，從鋤草、墾地、播種育苗、搭棚到採收，一切過程就只是你與土地之間的事情了。

〈意志的邊界〉

十年前還在學校的時候，參與社團登山、溯溪，過程裡我習慣把感受放在第一位，任何事情感性至上，讓自己去感覺山的靜謐，水的流動。

開始耕作以後，我發覺自己再回頭從事戶外活動，心境有些不同了。耕作，尤其開墾這件事，我選擇完全手作，一方面我沒有機器，另方面我也不擅長機器操作，更不喜歡機器發出的巨大聲響，因此總是用小小的香蕉刀鋤整片的草，用鋤頭墾地翻土。同樣是體力活，耕作與登山不同的是，耕作會有具象的展現，一座菜園幾乎就是一個人意志力的具體成果。

自此投入戶外活動時，我開始有意識地丈量自身的意志與身體。一回到南澳溯溪，我們在鹿皮溪的巨石間上上下下，我覺察到自己會大量仰賴雙手，佐以蹲低的姿態緩步爬下大石塊，我發現了人若是越不信任你的腳就越不使用你的腳，而越不用你的腳你的腳就越軟弱，於是之後再去爬山，我便刻意鍛鍊連續上坡時大腿的肌耐力，我不想再凡事順從感受性，我想鍛鍊，想逐步強壯。

耕作讓我看見了自身的限制與力量的邊界，耕作時每分每秒都在取捨，不能太快就喊累收工，也不要超過了身體能夠負荷的程度。而這也像是瑜珈的練習，讓身體筋骨摸索到那個微微痛著並微微舒服著的崖邊，停留在那裡，往後便能再往前走一小步。

身體有其邊界，恐懼也有。小時候曾經溺水的經驗，讓我一直都有些懼水。與我同行溯溪的人，挑戰著五公尺、八公尺的跳水高度，嘩啦一聲俐落入水，我轉頭望向一公尺高的大石，想作為首次跳水的試驗。

攀爬至一公尺的岩壁預備跳水，覺得膽怯；躡手躡腳降至五十公分望向透藍的果凍，還是膽怯；忍不住把頭埋入抱著岩壁的手裡哭了出來，哭醒面對，噗通一跳，水面下的時間長得令人慌張，一旦浮到水面一切便得救了。

體會到跳水是在尋找自身的臨界值，介於一點恐懼與不會害怕的那條細線，往前一點，往後一點，挪移線要放的位置，每走一步都在評估，都在試探。你當然可以把線拉得很遠，直接投降去走山林陸路，可是又想知道，隻身站在恐懼的前方，那條線可以挺進多遠。

意志力的邊界、肌肉的邊界、筋骨的邊界、恐懼的邊界。在舒適圈以外，臨界點最是迷人，事物的結界最是豐富。如同自然界的森林邊緣、海口與潮間帶，他們不正也是最富變化、擁有最多生物相的地方。

還在都市工作的時候，下了班東區街上就是賣衣服的攤商，疲累的身心眼見新潮繽紛令人心動的服飾，隨意逛逛就買了幾件，覺得被療癒。而那時候做採訪工作，需要接觸各行各業的受訪者，總覺得自己經歷不足，不理解社會，也不懂得問話，便時常買書，以為擁有許多書，自己的經歷就能變得豐厚，只是買了卻鮮少讀完。

人們或許是心裡有洞，某個區塊無以滿足，所以購物。搬到農村以後，遠離了以物質為核心的社會，生活接了地氣，逐步形成一道循環：三餐廚餘以及農友提供的米糠、碎米供給雞群食用，雞吸收轉化後成了雞屎，定期挖起來放置堆肥區，過些時日待其完全腐熟後可作為耕作時的肥料，而菜園種出來的作物、雞產出的蛋與肉可供人類食用，吃剩後的菜梗、雞骨、蛋殼殘餘再給雞吃。另一方面，吃剩的柑橘皮或鳳梨皮加黑糖與水釀成發酵液，能取代一半的清潔劑，也能稀釋來澆灌作物，增加土壤菌種，或者給雞飲用，豐富雞的腸道菌相。動物、土壤、植物之間，如此反覆循環。

土地裡還有草葉竹木等資源，若非必要不輕易購買，倘若有什麼非得添購，那就是食物、生活必需品，以及實用工具。比方說工具書、農具、木作工具、料理用具，且購買前一定做足資料，再三評估，只買品質好與耐用的事物，以使用一輩子為考量。衣服因以實用舒適為前提，自然就會耐穿，且不容易受到新款潮流而產生慾望；許多書籍可向圖書館借，需要更加專注的工作空間也是向圖書館借；此外，夏季去溪泉不去游泳池；頭髮留長了有自家理髮院，剪了短髮順道嘗試 poo-free，向洗髮精說再見。

我也曾經覺得我們有這麼多的護唇膏、乳液、精華液，卻鮮少將它們用盡，試想「一條護唇膏完全用完」、「乳液用到一滴不剩」，這樣的經驗有多稀薄，它們可能多半是過期了，或者發現了更好用的品牌，所以被丟棄了。我多想把現有的這些物質使用到底，然後就不再添購。

盡可能讓貨幣蒸空，盡可能看不見貨幣，如果有人要說經濟會因此敗壞，那我期待它崩壞至底，我們就能重獲新生。

〈解放身體〉

穿越雪隧，客運像生產線把我們一隻隻吐出來，繼續輸送到地底下的捷運線，交錯穿梭。明亮的捷運車廂是我每回從農村轉移到都市家鄉的第一個場域，也總在那時我才會發現指甲縫還有清不乾淨的泥土，且我的褲管是捲著的，腳上有雙拖鞋。對排座位的人穿戴整齊，或睡或滑手機，對排還有一整列車窗玻璃像鏡子一樣映照你、逼視你，身旁或坐或站還有各式臉孔與裝扮，在視覺上幾分濃烈，緊緊貼近。我並不感到特別自卑，只覺得自己突兀，然後想起在農村的時候，因為所租平房的浴室鏡面已模糊老舊，我鮮少照到鏡子，因此不像住在都市的時候常會端詳自己的臉孔。而農村鄰人與你說話，甚至不會注意到你剛剪了頭髮，也不會多盯幾眼你今天穿得邋遢還是整齊，他們看你像看一個概略的輪廓，他們比較容易發現你門前盆栽多了哪些植物遠甚於你的外貌細節。

或許農村寬闊，彼此站立說話的距離沒這麼緊迫，也或許外貌從來不是農村的重點，實用才是。少了觀看與被觀看，身體拿回了自主權，我們沒有一出門就必須漂亮的義務，好好打扮成為一個選項，視場合需要而生、視心情而生。於是年過半載，過往買的合身牛仔褲與厚重外套盡可能捐了出去，身體已逐漸習慣輕盈，並發現自己在農村最常穿的是雨鞋，萬能的雨鞋帶我去菜園、去山上採土、在下著雨的菜市場走跳，其次愛穿的是拖鞋，好像腳再也不習慣被整齊包覆了。

在農村的居家活動範圍，餵雞與耕作、菜市場與圖書館往返之間，我同時習慣了不穿內衣，這是在都市的自己萬般難以想像的。酷熱的夏季在菜園裡工作，鋼圈的內衣是極其不舒適的，運動內衣勉強能接受，但體驗過不穿內衣的舒適暢快，有時很難再回去了。只是不穿內衣有其撇步，我逐漸摸索到胸前有雙口袋的格子襯衫、小碎花或普普風拼貼背心、正面有縫布或膠彩圖樣的T恤，它們都是解放胸部的最佳神器。然後也在此時想起弟弟曾與我閒聊，說他所待的服務業有秘密客制度，那些偽裝成顧客要來探查店員接待態度是否良好的臥底人士，總會穿著那種繽紛花樣朵朵開的夏威夷襯衫，這類服飾比起素色衣服更能讓微型攝影機藏在領口不被發現。於是碎花模糊了攝影機，也模糊了胸部，濛亂了你的視覺。

歷經了身體的解放，剪平頭是我從前就不斷出現過的念頭，於是決定在搬遷農村的次年夏天，在這個實用風氣當道的地方首次嘗試解放自己的頭髮。我們將平房客廳的窗簾拉上，搬出塵封已久的穿衣鏡，備妥剪刀與電動剃刀，為了避免草率後悔，TN以慎重漸進的方式循序剪剃，像雕塑一樣在靜謐的午後專注完成，我那漩渦分流雜亂又自然捲的長髮，一次次變得更短、更接近想要的樣子。本來只要求能讓我敢走出家門的程度就可以，卻在剪完後覺得過往的疑慮根本多餘，短髮沒這麼困難，有個耐心陪伴的設計師能讓你勇敢即可，謝謝TN幫我達成這個心願。

身體不去承擔他人價值觀箝制下的載體，僅做為自身清爽舒適的實踐場域，這樣走著的自己，覺得自由開闊。

〈過多的方法〉

如果說追求極簡生活是在物質上進行解放；而身體對於自在舒適的重視遠大於他人的評價定義，屬於身體上的解放。那麼關於知識的企求，或許也能自框架中稍稍鬆脫。

不知從什麼時候開始，耕作知識變成一種可以高價販售的事物，數千元以至於上萬元的短期課程，裡頭那些自國外學得的知識很昂貴，充滿了各式方法與竅門，因而取得知識變成了一種門檻，隔絕出有無能力支付學費的聳立高牆，擁有知識的人並創造出一門替知識貼上高價標籤的獨門生意。

我也曾經站在知識的外頭感到焦慮。在還沒養雞之前，為了解決每日生成的廚餘菜渣，找來許多書籍並上網查閱，翻看五花八門介紹的各種堆肥方法，耗氧厭氧、各式菌種，看了越多越是心生困惑，不知如何著手。後來我索性不採用任何資材，就只是把廚餘置放在土壤上面，我相信自然的力量會讓它們變成土壤，只是時間早晚、速度快慢而已，也果真它們就隨著日子慢慢被分解掉。

我回想自己關於耕作，進步最為明顯的時期，就是實際開墾了一片荒地，然後依循季節，種下了非常多樣的作物。我花了很多時間在菜園裡觀察，貪看作物的日日變化、辨識雜草的型態，並用雙手直接摸土、感覺土壤，回到家裡便趁記憶猶新之際立刻打開筆記本，把作物的生長狀況一一記錄下來，一面翻看各類耕作書籍。我會在不經意的時刻忽然想通了黏土菜園最適合翻土的時機，或者鄰人提點「荷蘭豆怕鬼」背後真正的原因。我在頭一年種過所有我能取得的作物種子與種苗，在次年根據前年經驗再行調整。本來鄰人對於你不用農藥也鮮少施肥都抱以懷疑態度，突然有一天他們主動誇獎你的木瓜樹是這附近種得最漂亮的，說你的高麗菜未施農藥竟無蟲蛀，是如何辦到。

關於耕作我還有好多要學，但突然間我從種菜家家酒變得有自己的風格方法與心得。在這個尋求快速收割的時代，我們都容易心慌，容易急躁，好像若能取得什麼具體的操作技巧、立竿見影的方法，事情就能馬上解決了。但世界變化得很快，很多資訊不停不停地冒出來，也許真正的知識是無法購得，唯有以自身經驗累積為基礎，一面觀察、思考、修正，才是最可靠的。

〈免費的自由〉

夏季很熱的時候，無法在屋子裡專心做事，當然也無法耕作。租來的房子沒有冷氣，我也不想裝設，吹冷氣會讓我鼻子過敏，鼻水奔流。所幸宜蘭出了名的多水，鄰近有湧泉，山腳下有溪流，遠一點有海灣。湧泉的氣泡不停從水底冒出，水溫最沁涼；溪流被陽光照射之處，水溫適切；海洋鹹了些，但溫度最暖，泡在水裡讓太平洋團團將身體包覆其中。

秋冬身體想活絡的時候，卻遇上宜蘭的細雨連綿，彷彿一場永不止歇的劇幕，此時H與我相約打桌球，少數不受雨天掃興的活動。我們聽聞，做愛與投入運動的時刻，腦內會分泌一種叫「多巴胺」的物質，那會令人心情愉悅。而桌球這個同樣是雙人、精密細緻且一來一往的運動，在精神最投入與體能最高昂的時刻，我們笑說能感應到對方正在「高潮」。

我的工作形式彈性，TN則是週間排休，於是我們放假的時間與多數人分開，因而原本假日人聲鼎沸的步道，平日走來卻幾無人煙，還能在瀑布前的木棧平台練習瑜珈；我們偶爾也會去泡野溪溫泉，或騎單車在鄉野隨處探看。因著那份閒適靜謐，常覺得我們像被世界遺忘的人。

泡水、桌球、單車與步道，想想在這裡獲得的快樂，許多都是不插電且免費的，一旦快樂不需仰賴金錢購買，快樂便能自給自足。

還在都市接案的時候，因為採訪寫作是一項生產內容的工作，有時會感到心智耗竭，我興起了回到校園上課的念頭，便查了課表，決定到台大進修任何感興趣的通識課，通識課是由一群不同科系的學生選修，我想若有陌生人摻雜其間，也就不會顯得突兀了。於是為期半年，我像校園片裡臥底的社會人士，潛入了椰林大道，潛入各系館古蹟，修習了天文、演化、昆蟲、西洋建築史、日治時期建築與空間等課程，在上百人的階梯教室裡感受時光凝結，知識沐浴，我總是靜靜的收，筆記、閱讀，感受心靈澄淨富足，一種被滋養的快樂。

與身邊的人聊及此事，人人的見解不同，有人覺得我的行為對其他支付學費的人並不公平，是否有擠壓他人權益的可能。但也有朋友提出，許多事物皆能成為商品販售，唯有教育絕不能被商品化。

暫且將不同的價值觀擱置一旁，後來在校園巧遇一位高中同學，她懷孕生子後開始以旁聽身分修習中文系研究所課程，此外，我也發現通識課教授對於校外人士旁聽的態度十分開放，我們也能像其他學生一樣向助教申請帳號，共享教授上傳到該門課的簡報與講義。

大學沒有圍牆，彷彿已在訴說，只要你想學習，是永遠不會被拒絕的。知識不該有窮富的分野，快樂也同樣。

〈讓什麼買走靈魂〉

有時候會想，工作只是為了賺錢嗎？如果你生產的食物夠豐沛，你的物質欲望很低，如果你其實不那麼想仰賴金錢，還會想要工作嗎？我曾在英國作家艾倫狄波頓（Alain de Botton）的《工作工作》讀到，即便在今日社會，工作有這麼多的惡名，但不可否認的，工作是人的一生中，少數能專注其中，並且用自己有限知識力量掌握的事情，它讓我們在更多的人生問題中有所聚焦。而另一個肯定工作價值的觀點是，朋友H認為「工作是與這個社會產生連結的方式」。以寫書來說，當一本書被看見，就是創作者與讀者展開對話連結的起始。

只是，有些工作佔據了很長的時間，有些工作則偷走了你全部的心思。或許當人們在抉擇將投入什麼工作時，其實就是在選擇讓什麼買走你的靈魂。我於是不斷在勞心與勞力之間，希冀取得更好的平衡，一種更健康的時間調配，不至於讓心思大浩劫，也不至於過度壓榨體能。家庭菜園的耕作規模提供了很好的勞動條件，又或者每週幾天的打工也能提供定時定量的社會接觸。我們的社會一直很注重社經地位，好像非得要有個響亮的正式頭銜才算是工作，但就像法國人三十幾歲了也可以在咖啡館打工，賺取日常開銷，我們是否可以採取一種不那麼功利的視角，從勞心與勞力均衡配置的切面，重新評估工作之於人生的角色。

除了養雞種菜生產基本所需，另一方面，我延續從前的出版工作，以自由接稿的方式賺取生活收入，有時腦力過度消耗，我間或穿插農場或苗圃勞力工作，有時接案不濟，也會心生回歸正職工作的念頭，過著每月有穩定收入的規律生活。我相信工作之於人生，是恆常重要的課題，也因此才會嘗試許多工作，試圖在其中尋求更諧和的狀態，也不斷思索工作在人生中的意義。

〈撰文工作：自由的代價〉

有段時間我沒在工作，將那段時日視為一段空檔。不工作的前幾個月，我耕作，用純然的勞動將心靈淘淨，再一格一格收納入各種形式的閱讀，我將所有待辦瑣事一一解決，幾度感受到前所未有的真空狀態，輕盈無比。

但這個社會是不容許人們花費著時間卻毫無生產。於是我開始展開自由接案的工作，刊物文章、民宿採訪、雜誌插畫，機會竄流著，用履歷哄抬自己，然後再深深懷疑自己，感受多方嘗試所帶來的快樂、多方嘗試所帶來的恐慌，於是昨日積極今日消極，一會激情昂然，一會掉入恐懼的深淵。

自由接案會讓生活中充滿許多新鮮的事物，但一面也交雜混亂與不安定感，它的自由提供時間與創造力的最大化，但在你低潮無力的時候，毫無邊界的自由也會反過來吞噬你。此時我似乎能明白朝九晚五的好，如此省事，當一頭適合駕馭的牛，抱怨著不自主、抱怨著通勤與辦公牢籠，但那就是人們要的，人們就是要不自由，因為那不用多想，不用時時為自己的人生方向做決策。

自由的代價一直很高，用混亂與懷疑來償還，想趁早在路上，做個只知前進，而不用抉擇路口的人。

〈撰文工作：東部的路〉

我記得那條長長的筆直的路，鹿野到關山，相減的數字是十四點六公里，在衛星導航上也是直通通的一條線。透過擋風玻璃，由於前方沒有彎道的緣故，反而能見到大路像海浪一樣起伏，縱谷裡的海浪。

這段路在此行走了好幾回，一次南下鐵花村聽胡德夫，夜裡再靜默地北上，回到當晚的住所池上，來回共兩小時，就為吹一道太平洋的風。一次攝影師的鏡頭忘了拿，又車往池上，再返回當晚入住的延平鄉，那晚吃了瑞源的粄條，樸素的小店卻播放 lounge bar 的音樂，上了年紀的男老闆還穿了耳洞，他離屏東內埔老家兩百里，所以店名兩百哩粄條。

最後一次就是出差第六天了，那是陽光溢溢的週日午後，紅葉少棒的體育盛事、杭菊婦人的採收盛事，沿途眼角掠過，順手撿拾，自此以後一路向北七小時，初鹿、鹿野、關山、池上、玉里、瑞穗舞鶴的山路、大富造林地、壽豐、花蓮市，行經蘇花公路已是入夜之後。

出差一天，寫稿一天，是快樂。出差六天，寫稿六天，是被追殺，被一萬五千字追殺，被一萬五千元追殺，期間要對抗惰性、分神，對抗即將流失的記憶，以及對抗浪潮般過往對花東的情感洶洶覆蓋。我不耕作了、不洗衣晾衣、不認真吃早餐，日日在稿債裡流亡。

今日完稿，宛如大病之初癒。

〈撰文工作：尚未被命名以前〉

被截稿日逼急的所有產出都曾經歷了苦痛，那是真的疼，在日常生活裡血肉拉鋸，每一回都要重新穿越那條深黑不見底，窄小且曲折的扳回意志的漫長之路，那力道總是百般沉重，重到足以將靈魂用力拔除。

毫無目的的創作距今已很遠很遠，遠至童年暑假的書房，總在那道面牆的長桌一埋頭就是數小時，無所為因而好壞無所謂，因而快樂純粹。

如何不讓貨幣買走你的靈魂，如何躍過貨幣直指事物的本質，如何返回童年返回一切創作尚未被命名以前。

〈教學工作：校園隨筆〉

有段時間替雜誌插畫，朋友說妳是做文字的，怎麼敢接插畫啊！我說，既然有人敢找我，我就敢接，就像森林小學的教育工作一樣，我完全沒有兒童教育經驗，但倘若面試的前輩覺得我可以，我沒有理由不去嘗試。

只是這份工作讓我吃足了苦頭，在全校近百人的校園裡，鎮日穿梭在不停流轉的對話中，每日像一座大型洗衣機瘋狂攪拌，我更體會到兒童教育工作不是只有分享知識的熱情就夠了，它更貼近於一份表演工作，你要懂得使用聲音、表情與肢體表演，習於吸引眾人目光，解讀眼前的群性、掌握群性，並即刻回應，偏偏這些都不是我擅長的。縱然如此，我仍舊很高興人生裡有這段時間能夠大量與孩童相處，最初小學生對我而言只是集合名詞，自此以後，我開了兒童天眼，能見到六個年級之間的差異與歷程變化、各式各樣的孩童性格，然後同時也從他們身上反思自己的童年與學習階段。

南勢溪／還熱天的時候去溪邊，充當人牆水壩，將上游隨溪漂流的小孩用自己兩隻小腿攔住，他們在我腳邊回歸現實，溪流的夢醒時分仰頭與我對望，隨即認分拾起魚雷浮標往前回溯，週而復始的循環不膩。

性感／有人三年級嗓音低沉萬分性感，但性感之餘最愛吃海苔（吮指）；有人二年級聰穎懂事，但懂事之餘坦白最愛掃地，掃地對她而言就像在開派對有人怯怯地請求不要點她在全班面前唸文本；有人望見昆蟲兩眼發直；有人徒手拿蛇；有人野性不羈像海倫凱勒；有人老成道說盈瑩今天上課太緊張了。

斯德哥爾摩症候群／前些日子抱怨著時間與心思都被學校佔據，假期來了我卻滿嘴滿腦子都是學校的事，像極了肉票愛上綁匪，抗拒到了最後便是心一攤軟，隨它去吧。

校園活動／開學第三週，想帶學生種菜，闢了一畦土，種了大白菜、莧菜與南瓜，因為沒有事先育苗葉菜都死光了，南瓜苗還被校狗叼走；自然課到溪邊撈蝌蚪，有人換水時蝌蚪流進水槽，有人的蝌蚪變成小青蛙，有人的小青蛙死了，總是在週一到校的上午接獲蝌蚪的訃聞，成為期初最大的壓力來源。導師課無所事事，開放教室給小孩在牆上塗鴉，趁天光午後難得無人，畫了一隻扁鍬形蟲在樑柱，白牆永遠比畫紙禁忌，而越禁忌越快樂。

臥底／學期初始不久，跑去剪了短髮，收到小學生的惡評如潮，但因為事前打了強心針，本就預知小學生的嘴又直又壞，倒也無傷，卻因為這顆頭，幾位家長搞不清楚新老師是哪位，有人把我看成六年級學生叢中的某一個。覺得自己像電影裡偷偷潛進高中校園密謀辦案的社會人士。

六年級／語文課已放棄分享我心中那些曾經動容的美的事物，回歸百般不願面對的兒童品味，一切必須具體可感成為選材準繩。六年級的語文課，最令我耗費大量眼淚的一門課，體會教育現場就是不斷試誤與修正的經驗迴圈。

臨時動議／每個週五午後全校一起開生活討論會，六年級主席問：「有老師或學生有重要事情宣布嗎？」一年級新生舉手：「我剛剛，剛剛在廁所，發現了，一隻鉛筆！」（同時間舉起握住黃色鉛筆的右手）。師生報告後，高年級主席又問：「有人有臨時動議嗎，沒有的話散會。」班上的二年級女生一日問我，為什麼每次「零食動議」都沒有人發零食。

泰雅妹妹／校園裡與我最熟稔的是一個就住學校旁的泰雅族學生，一個眼睛圓不溜丟的六年級女生。她的作文與造句不外乎出現「狗」、「飛鼠」、「射魚、釣魚」這些詞彙，一次造句作業寫了「我整個週末都待在烏來山上」，我錯以為是抱怨句，後來才知曉她六年來每個學期的校外教學都沒參加，因為她喜歡待在山上，不輕易下山，也不喜歡一群人出遊。我才回想起那條造句原來是炫耀文。

我最常與她打籃球，或坐在校園籐椅上吃飯聊天，她偶爾問我：「妳覺得我打球有變厲害嗎？」我都會回：「我覺得妳一直都很厲害。」此時她就會靦腆地笑。一回我說想搬到山上住，就不用每天通勤了，正當我以為她會回說哪個親友家裡要租屋，她則是說：「如果妳搬來山上，就有很高的機率可以看到我潛到溪裡射魚。」她偶爾也問我可以在溪裡憋氣幾秒、在溪裡有辦法張開眼睛嗎，以及有到山上挖過竹筍嗎，然後驚訝地質疑我，所以妳到山裡面就真的只是爬山而已？而已

她喜歡烏來的溪，可是就喜歡跟爸爸兩人去溪邊射魚，野外課討厭一群人擠在溪邊。她在學校的人緣很好，籃球、躲避球，女生團體她幾團通吃，但她就是無法跟一群認識的人擠著挨著活動。原本資深老師想迫使她這學期參加校外教學，覺得她總該離開這座山，後來老師回心轉意了，覺得這人或許就這樣一生素樸，何苦要她投注喧譁。

漂浮感／中年級的小孩太暴動，每回的自然課堂上我有些狼狽，疲於應對每隻不按牌理出牌的野生小獸。六年級的小孩太淡定，我一人在台上演獨角戲，他們究竟喜歡還是無感，難以分辨。喜歡與小孩相處，但時常站在講台上有種漂浮失根的感覺，一學期過去了，體認到教職並不是有話想說就足夠了，它更近乎是一種展演，與寫作時的靜靜訴說截然不同。

〈教學工作：孩童神秘〉

中午吃飯的時候，學校的小孩喜歡捧著便當盒在廣場邊的長排藤椅上看人打球、找人說話，一日阿同坐在藤椅的扶手上與我聊天，講著講著突然停頓，伸手到嘴裡把一顆血淋牙齒取出，維持他那一貫淡定的酷企鵝眼神若無其事地說：「這個禮拜第二顆了，啊剛剛講到哪裡？」我瞪大眼睛無法鎮定，驚訝問：「你剛剛掉牙齒嗎，怎麼完全不會痛？」他回答我：「換乳牙啊，我比較慢到五年級還沒換完。」

啊，是乳牙，長大以後再也沒聽過的名詞，自從重返校園當起森林小學的教師開始，初次看到草綠色格紋的國語注音簿、圖書館滿室的兒童繪本，那些遙遠如前世記憶的符碼猛然躍入眼前，都必定心頭一驚。然後貫穿前世今生毫無變化的是，他們仍然在玩大白鯊、紅綠燈，這些萬年不膩的遊戲，其中穿插每隔一陣子校園裡時興的新流行，諸如蛇板、獨輪車、彩色橡皮筋手環或纏繞畫。

或許走入婚姻生了小孩的成年人，也同我一樣在沒有預設的情況下突然闖進了童年時期的經驗迴圈。在這座近百人學生的校園裡，每位老師會分配到十多名混齡的導生，與他們在同間教室一起吃飯、一起遊戲活動，時間到了他們就帶著課本跑堂，像大學生一樣到各自的必修或選修教室上課學習。本來小學生對我來說已是一團模糊籠統的集合名詞，踏入校園以後，每個年級間的刻痕尺度逐漸從水面下清晰浮現，各個年級的孩童樣態有著極大差異。比方說一年級新生，身上仍帶有濃厚的動物性，彷彿黑暗洞穴裡的幼獸初入人類之校園；到了二年級逐漸熟悉了團體社會的運作流動，就如小雞一樣伸了伸剛換羽的翅膀，開始試探性地逗啄他人，丈量自身能耐；而中年級就一直是校園中最肆無忌憚的階段，他們在校園裡同時老練同時青春，無所膽怯與包袱。來到五年級步入成熟的前奏，六年級就是銜掛著下一階段的擔憂與雀躍，一面交雜這六年來的聚首離別之傷感，並在身體隱隱躍動著青春期的序曲。

在這樣一座混齡雜燴的校園裡，師生有大量空堂一起相處對話，他們習慣直呼老師的名字，我卻不曾覺得不被尊重（以及到底是要尊重什麼呢），甚至覺得那樣的直呼有些甜蜜。空堂裡，我習慣一同參與他們的遊戲，那讓我感到趣味與熱切，且無論哪個年級的小孩，都時常能在他們身上瞥見類似野生動物的神祕性，有時會臨界於不合理、些許毛骨悚然的邊緣，令我幾分著迷。一回放學前玩鬼抓人，全班都被抓到了，只剩五年級女生Y，放學鈴聲一響，所有人一哄而散抓起背包趕上校車。隔日我問Y昨天到底躲在哪裡，她偷偷跟我說，自己近乎把身體凹折起來，塞進我辦公桌旁的鐵櫃裡，並相當得意自己的筋骨超軟，只是她也坦言獨自躲在鐵櫃裡是有點害怕的，心想怎麼就沒人來抓她。我揣想那樣漆黑閉塞的貼身密室，摺疊的背、獨自怦動的心跳聲，與一牆之隔他人的腳步喧鬧，她那既膽怯又興奮的情境。

還有二年級的N，一個自尊心極高且相當好強的小女生，一回我們坐在廣場藤椅看高年級打羽球，我問N會打羽毛球嗎，她先是點點頭說會，接著又說：「其實沒有很會，我每次都在看那顆球，被打出去的時候前面白色球球是朝對方的，為什麼被對方擊中就馬上就轉成另一個方向，它到底是在什麼時候轉方向的？」她問了我從沒想過的事情，那麼真摯清透的提問，而她看出去的世界又是何等精細特寫的慢速鏡頭，讓我會心一笑好一陣子。再一回，幾個小孩鬧哄哄跑進教室說：「N鑽到地板下面了！」我到外頭一看，見到身形瘦小的她，把後院幾片脱落的南方松木板掀起，曲身鑽入木板底下與泥地之間那極其低窄陰暗的狹縫匍匐前行，如同遠古猛然甩尾遁入地底一路震撼脈動的巨獸，我等圍觀的村民盯著她的身影亦步亦趨，甚至從木板的縫隙往下探見她抬頭用那雙靈動的大眼向我頑皮又得意笑著，直到她從側邊接連的乾溝鑽出，見她一面拍落沾黏滿身的落葉與泥土，一面洋溢著神采飛揚的氣息。

那些人體上的不可能、奇異的場域、超常堅定的意志力，總讓我與鬼片或恐怖漫畫產生連結，其莫名的異樣狀態、脱軌、失序、極端，不正與孩童身上獨有的尚未社會化的奇怪與突兀相互呼應嗎。

〈勞力工作：靜靜的勞動〉

今早同樣去上瑜珈課，在動作定格的時候感受到汗水一滴滴滲入瑜珈墊裡，嘴角還不慎吃到自己的汗，頭一次發現眼淚嘗起來是實心的苦味，汗水卻是酸的、空心的味道，帶點刺激性的化學感，沒有眼淚好喝。

下午去了田裡，本來只想拔草與採收地瓜葉，卻無意間開墾了新的菜畦，一旦開始後便失心瘋、迫不及待，鋤頭停不下來，鋤田時彎著腰、雙腿呈現A字形，類似瑜珈的「站姿前彎」，同樣汗水一滴滴滲入，只是這回滲入的是泥土。

剖向土壤深處時，總有股隱晦的土悶味冒出來，想是陽光照耀不到，因而在這裡涵養了幾日前的雨水。

這回上福山暑期工讀的內容是幫忙整理苗圃、清點苗木，那是一座座黑色網布搭建而成的網室，也有幾區位於純戶外，我告訴同事這是我夢寐以求的工作，他聽來不可思議，因為實際情形是網室有些悶熱，長年累積的苗木雜亂無章，附近還有株剛結虎頭蜂窩的大樹，偶爾提心吊膽，以及屈身趴在地面尋找樹木的舊牌，常會被爬到身上的螞蟻叮咬。即便如此，我仍真心喜歡這般不受打擾地在大自然裡單純勞動，幾回遠處有獼猴跑來，站在黑棚上方好奇又防衛地觀看工作中的我，我近乎雀躍得想哭，那是一份只有我穿越經歷的片段，無人能作證的迷幻時刻。

後來我明白了，所有的喜歡其實都指向同一件事——靜靜的勞動。瑜珈、耕作、苗圃打工，以及昔日的登山。

〈勞力工作：山裡的蟬鳴〉

晴朗八月的某一天，當我低頭在苗圃整理那些像荒塚般淩亂的水生植物盆，賓哥打破寧靜說：「秋蟬開始叫了。」我說你如何分辨秋蟬，他說夏天的蟬叫得響亮，甚至在林子裡聽來刺耳逼人，但秋蟬綿綿，一陣一陣，一音一音，像天涼午後的睡眠。

我想起曾經一起在福山工作的R率先向我說，她在這裡聽到一種從未在中南部聽見的蟬鳴，覺得有點像哭聲。後來我看到有齣日本電影名為《寒蟬鳴泣時》，才知道「寒蟬」也稱「秋蟬」，或是「暮蟬」，總在傍晚才開始如哭泣般地鳴叫。

一次去清境農場採訪，在無人無遊客的羊群旁，攝影師安靜拍照的時刻，我聽到了類似的暮蟬鳴音一陣陣響起。一時片刻聲音喚醒了福山的記憶、身體勞動的記憶，又或者每當我想起福山的夏天，就會想起躲在人們未見之處，如鈴聲清脆的暮蟬，時常把一整座山都籠罩住。

與地共生、給雞唱歌

作　　者　李盈瑩
插　　圖　Fanyu
裝幀設計　黃昀嘉
行銷業務　張瓊瑜、陳雅雯、蔡瑋玲、余一霞、王涵、王綬晨、
　　　　　邱紹溢、郭其彬
主　　編　王辰元
企劃主編　賀郁文
總 編 輯　趙啟麟
發 行 人　蘇拾平
出　　版　啟動文化
　　　　　台北市105松山區復興北路333號11樓之4
　　　　　電話：（02）2718-2001　傳真：（02）2718-1258
　　　　　Email：onbooks@andbooks.com.tw
發　　行　大雁文化事業股份有限公司
　　　　　住址：台北市105松山區復興北路333號11樓之4
　　　　　24小時傳真服務：（02）2718-1258
　　　　　讀者服務信箱 Email：andbooks@andbooks.com.tw
　　　　　劃撥帳號：19983379
　　　　　戶名：大雁文化事業股份有限公司

初版一刷　2017年02月
定　　價　300元
I S B N　978-986-94243-8-7

國家圖書館出版品預行編目(CIP)資料

與地共生、給雞唱歌 / 李盈瑩著. -- 初版. -- 臺北市 : 啟動文化出版 : 大雁文化發行, 2017.02
面 ;　公分
ISBN 978-986-94243-8-7(平裝)

1.農村 2.通俗作品

431.4　　103001791